omice agricole de Seine-et-Oise.

LONDRES,

EXPOSITION UNIVERSELLE DE 1862.

CATALOGUE

DES INSTRUMENTS ET DES PRODUITS

COMPOSANT

L'EXPOSITION COLLECTIVE DE L'ASSOCIATION.

NOTICES

SUR LES EXPOSANTS.

VERSAILLES,
Ch. DUFAURE, IMPRIMEUR DU COMICE,
Rue de la Paroisse, 21.
1862.

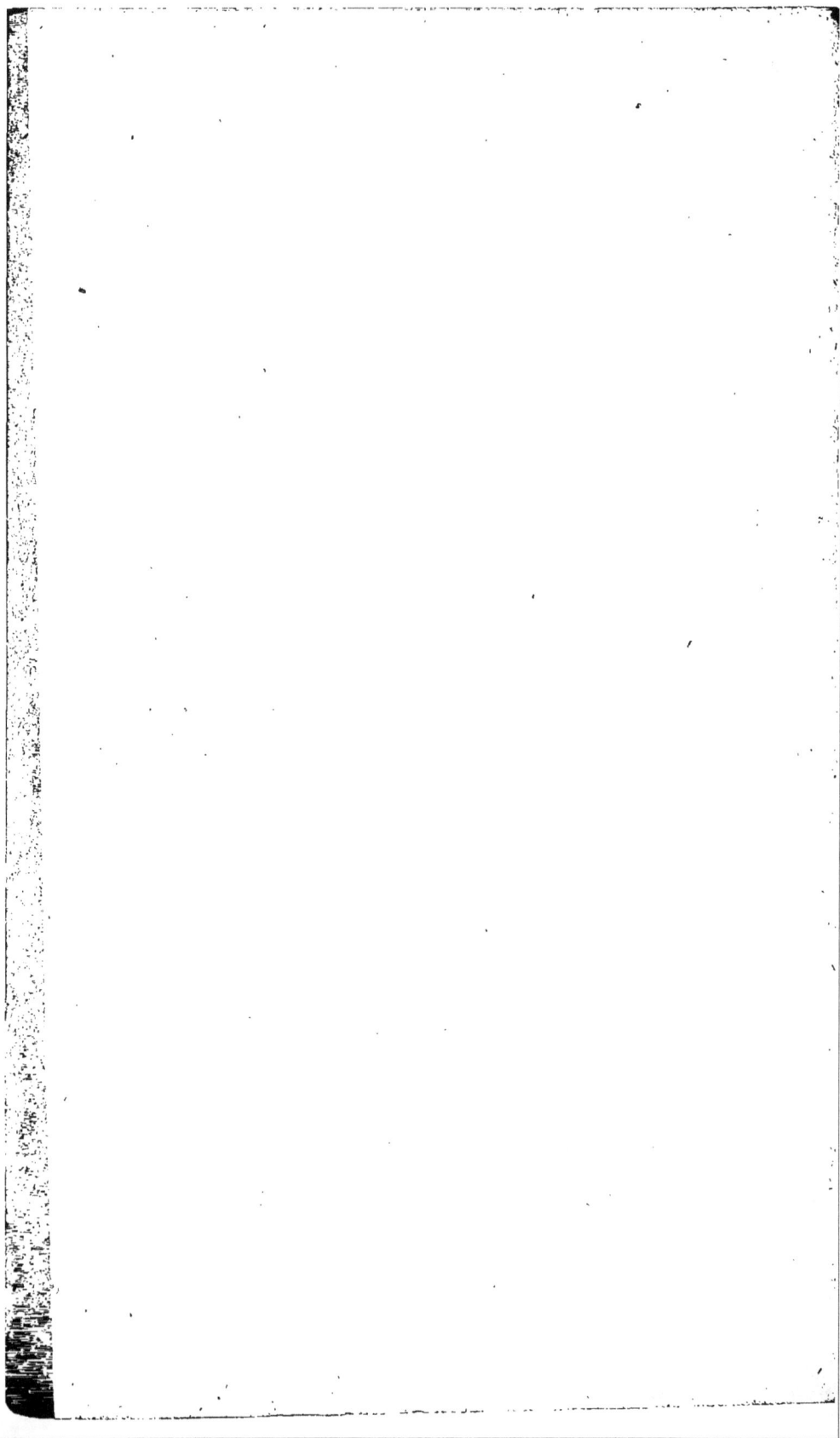

Comice agricole de Seine-et-Oise.

Exposition universelle de 1862

A LONDRES.

CATALOGUE

des Instruments et des Produits

COMPOSANT

L'EXPOSITION COLLECTIVE DE L'ASSOCIATION.

NOTICES

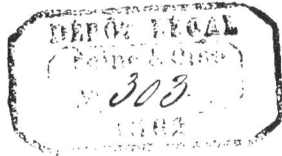

SUR LES EXPOSANTS.

VERSAILLES,
Ch. DUFAURE, IMPRIMEUR DU COMICE,
Rue de la Paroisse, 21.
1862.

C.

COMICE AGRICOLE DE SEINE-ET-OISE.

Le Comice agricole de Seine-et-Oise, fondé en 1834 et autorisé par le Gouvernement, le 24 octobre de la même année, a pour but le progrès de l'agriculture, la prospérité et le bien-être des agriculteurs.

Son bureau se compose :

D'un Président d'honneur ;
—   —   honoraire ;
—   —   titulaire ;
— Vice-Président ;
— Trésorier ;
— Secrétaire ;
— Vice-Secrétaire, archiviste ;
Six membres titulaires ;
—   —   suppléants.

Il compte 600 membres qui paient une cotisation annuelle de 15 francs, dont le produit, joint aux allocations accordées sur les fonds de l'Etat et sur ceux du département, permet d'organiser chaque année un concours, qui se tient successivement dans chaque arrondissement et dans lequel des médailles d'or, d'argent, de bronze, avec diplômes, et des primes en argent pour près de 6,000 francs sont distribuées aux agents immédiats de la culture qui comptent les plus longs et les meilleurs services ; aux plus habiles laboureurs ; aux produits les plus remarquables des races chevaline, asine, bovine, ovine, porcine et galline, aux instruments nouveaux ou perfectionnés, aux cultures nouvelles ou améliorées, aux travaux de drainage, d'irrigation, de construction et de bonne appropriation des bâtiments agricoles, etc., etc.....

Ces concours se renouvellant, au mois de juin de chaque année, sur des terres mises à la disposition du Comice par des cultivateurs dans tous les cantons, attirent un grand nombre d'agriculteurs et ont puissamment contribué, jusqu'à ce jour, à répandre dans toute l'étendue du département, contenant une superficie de 560,337 hectares, la moralisation parmi les serviteurs de ferme, les bonnes méthodes de culture et l'usage des instruments perfectionnés les plus utiles à l'agriculture.

Le Comice envoie chaque année, à ses frais, une commission composée de membres spéciaux dans les concours agricoles régionaux ou généraux, pour étudier ces intéressantes exhibitions et lui en rendre compte dans des rapports qui sont imprimés et adressés avec la relation de toutes les opérations de l'exercice à tous les membres de l'association. En 1851, les délégués du Comice agricole de Seine-et-Oise, au nombre de six, visitaient le palais de Hyde-Park, les cultures et les principales fermes des environs de Londres et rendaient compte, dans un très-remarquable rapport, de leurs judicieuses observations. Il est supposable que l'Exposition universelle de 1862, qui semble devoir dépasser en intérêt, sous le rapport agricole surtout, celle de 1851, donnera lieu à la visite de délégués du Comice qui relateront avec non moins de lumières que d'autorité spéciale les progrès réalisés d'une productive application (1).

L'Exposition collective du Comice agricole peut, par l'exhibition des produits d'une année aussi généralement médiocre que celle de 1861, donner une idée de la richesse des cultures du département de Seine-et-Oise ; — elle démontre certainement leur direction aussi constamment progressive qu'intelligente : — elle est donc digne, à tous ces titres, de la sérieuse attention du Jury international.

Le vice-secrétaire du Jury départemental,
rapporteur,

RICHARD DE JOUVANCE.

Vu :

Le président du Jury de Seine-et-Oise,

Signé : DARBLAY jeune.

---

(1) MM. F. Bella, directeur de l'école impériale d'agriculture de Grignon ; Richard de Jouvance, ingénieur civil, et de La Nourais, économiste-agronome, tous trois membres du Comice, viennent de recevoir la mission d'aller étudier l'exposition universelle de 1862, à Londres, et d'en rendre compte au point de vue des intérêts agricoles et manufacturiers du département de Seine-et-Oise.

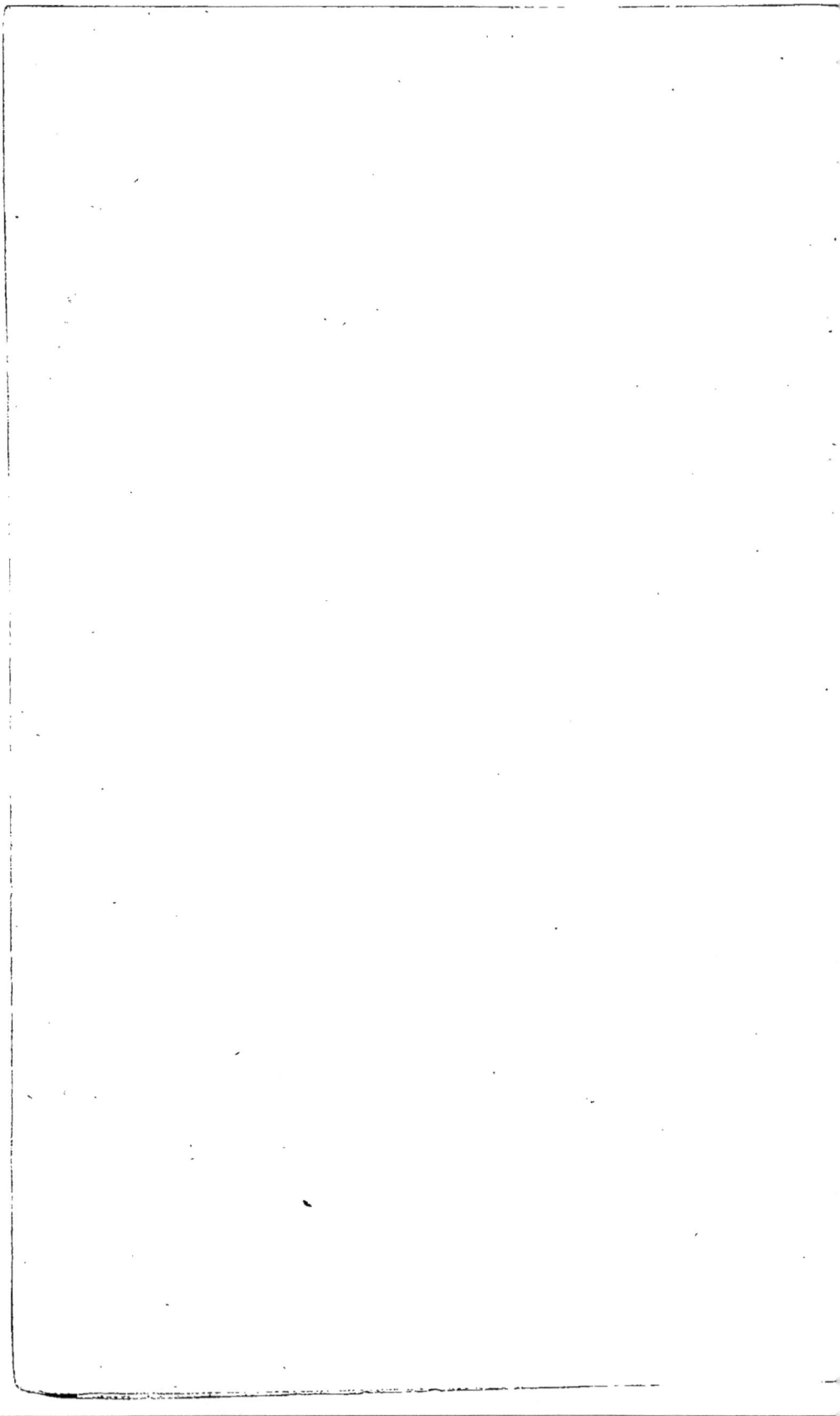

CATALOGUE

DE L'EXPOSITION COLLECTIVE.

—∞∞∞∞∞—

1. *Instruments, Machines, Outils, etc.*

2. *Produits agricoles, Plans, Cartes, Statistiques, etc.*

1re DIVISION.

———

No 1. *Colet (Jacques), à Saulx-Marchais* (3 prod.).

a. Sécateur courbe propre à toutes sortes de tailles.
b. Pince pour détruire les insectes.
c. Turlututu,—outil pour cueillir les pommes, poires, etc
— Ces trois outils inventés par l'exposant.

No 2. *Fortin (F.), à Etréchy* (3 prod.).

a. Paire de meules, — nouveau système de rayonnage.
b 1 à 2. Echantillons de panneau et carreau pour la construction de ses meules.

No 3. *Fréville (P.), à Soindres* (1 prod.).

a. Charrue perfectionnée par l'exposant et construite à Soindres sous sa direction.

No 4. *Gadiffert, à Houdan* (2 prod.).

a. Coupe racines.
b. Hache-paille.

No 5. *D'Huicque (A.), à Survilliers* (2 prod.).

a. Semoir, inventé par l'exposant.
b. Niveau-équerre, inventé par l'exposant.

No 6. *Le Rouget, à Buc* (2 prod.).

a. Semoir, inventé par l'exposant.
b. Binette,   id.

No 7. *Peutcuil, à Jouy-en-Josas* (1 prod.).

a. Charrue à défricher, inventée et construite par l'exposant.

N· 8. Titreville, à Marly-le-Roi (1 prod.).

a. Echelle double, inventée par l'exposant.

N· 9. Villard, à Marines (1 prod).

a. Appareil à brosser le son, perfectionné et construit par l'exposant.

N· 10. Yalant fils aîné, à Mantes (1 prod.).

a. Tarare, perfectionné et construit par l'exposant.

2ᵉ DIVISION.

———

Nᵒ **1** *Béglin et Cie*, *à la Minière* (4 prod.)

a Engrais de la Minière, — sang brut.
b.   id.   — sang en petits grains.
c.   id.   — sang en farine.
d.   id.   — engrais complet.

Nᵒ **2.** *Cugnot (F.)*, *à La Douairière* (2 prod.)

a. Toison de bélier-mérinos (tonte de mars).
b. id. de brebis-mérinos   id.

Nᵒ 3. *Dailly (Adolphe)*, *à Trappes* (4 prod.).

a. Fécule en grain.
b. id. blutée.
c Engrais-poudrette de résidus de sa féculerie.
d. Alcool de betteraves (flegmes-1861).

Nᵒ 4. *Darblay jeune, fils et Béranger, à Corbeil* (31 prod.).

a^1. Blé de France,	a^2. sa farine, a^3. ses issues.	
b^1. id. d'Espagne,	b^2. id.	b^3. id.
c^1. id. de Californie,	c^2. id.	c^3. id.
d^1. id. d'Allemagne (blanc),	d^2. id.	d^3. id.
e^1. id de Russie (sandomirka),	e^2. id.	e^3. id.
f^1. id. dit Richelles de Naples,	f^2. id.	f^3. id.
g^1. id. de Pologne (Polish Odessa),	g^2. id.	g^3. id.
h^1. id. d'Amérique,	h^2. id.	h^3. id.
i^1. id. de Hongrie,	i^2. id.	i^3. id.
j^1. id. de Russie (ghirka),	j^2. id.	j^3 id.

k^1. Dessin du mécanisme des moulins de Saint Maur, — 40 paires
  de meules.

N° 5. *Frapart* (*Théodore*), à *Goussainville* (5 prod.).

a^1. Pulpes de betteraves conservées.

a^2.   id.

b. Alcool de betteraves (flegmes).

c. Pommes de terre Chardon, cultivées depuis 6 ans, — 230 à 240 hectolitres à l'hectare.

d. Toison de bélier disheley-mérinos, âgé de 30 mois (tonte de janvier).

N° 6. *Fréville* (*Prosper*), à *Soindres* (8 prod.).

a. Betteraves.

b. Alcool de betteraves (flegmes).

c.   id.   rectifié.

d. Pulpes de betteraves conservées.

e. Blé anglais, importé en 1860.

f. id. de mars.

g. Orge de Mantes.

h. Petite avoine grise de Houdan.

N° 7. *Gilbert* (*Victor*), à *Wideville* (3 prod.).

a. Toison de bélier-mérinos (tonte de mars).

b.   id. de brebis-mérinos   id.

c. Groupe d'animaux en bronze, — types de 4 moutons-mérinos de Wideville.

N° 8. *Godefroy*, à *Villeneuve le-Roi* (4 prod.).

a. Tiges de maïs.

b. Épis de id.

c^1. Maïs, — récolte 1861.

c^2. id. —   id.

N° 9. *D'Huicque*, à *Survilliers* (13 prod.).

a^1. Gerbe de lin de pays, provenance de Riga.

a^2. Lin de Riga, — 2e année de récolte.

b^1. Gerbe d'orge du pays.

b^2. Orge du pays.

c^1. Gerbe de blé rouge sans barbe, de mars.

c^2. Blé rouge sans barbe, de mars.

d^1. Gerbe d'avoine de Hongrie.

d^2. Avoine de Hongrie.

e^1. Gerbe de blé rouge à paille blanche.

e^2. Blé rouge du pays.

e^3. id. blanc dit Victoria.

f. Échantillon de gypse de Survilliers.

g. Plâtre de Survilliers, tamisé.

N° 10. *Joly* (L.), *à Bourg-la-Reine* (6 prod.).

a. Engrais Joly.

b. Blé récolté à Janvry, sur engrais Joly, par M. Pescheux.

c. Seigle   id.

d. Avoine   id.

e. Orge récoltée à Gometz-la-Ville, sur engrais Joly, par M. Marchais.

f. Sorgo cultivé, sur engrais Joly, à Bourg-la-Reine.

N° 11. *Journiac, à Buchelay* (19 prod.).

a^1. Gerbe de blé rouge dit Anglais.

a^2. Blé rouge dit Anglais.

b^1. Gerbe de blé rouge dit Saint-André.

b^2. Blé rouge dit Saint-André.

c^1. Gerbe de blé blanc à épi rouge, — cultivé depuis 5 ans à Buchelay.

c^2. Blé blanc à épi rouge, — cultivé depuis 5 ans à Buchelay.

d^1. Gerbe de blé rouge à épi blanc, — récemment introduit à Buchelay.

d^2. Blé rouge à épi blanc, — récemment introduit à Buchelay.

e^1. Gerbe de seigle.

e^2.   id.

e^3. Seigle.

f^1. Gerbe d'avoine.

f^2. Avoine.

g^1. Gerbe d'orge.

g^2.   id.

g^3. Orge.

h^1. Coq Crêvecœur ; — h^2. poule Crêvecœur. (Types.)

i^1. id. de Houdan ; — i^2. id. de Houdan.   id.

j^1. id de Buchelay ; — j^2. id. de Buchelay. id.

N° 12. *Lebreton, à Vélizy* (13 prod.).

a^1 à a^6. Glanes de blé rouge anglais, — récolte 1861.

b^1. Blé rouge anglais,   —   id.

b^2. id.   —   id.

c. Fèves de marais,   —   id.

d^1. Pois Sainte Catherine,   —   id.

d^2. id. de Clamart,   —   id.

d^3. id. Prince-Albert,   —   id.

e. Haricots flageolets,   —   id.

N° 13. *Magnant et Vauvillé, à Royaumont* (8 prod.).

a^1. Blé froment, — mélange moyen de la récolte du pays.

a^2. Farine, n° 1.

a^3.   id. n° 2.

a^4. Gruau.

a^5. Semoule.

a^6. Son, n° 1.

a^7. id. n° 2.

a^8. Remoulage.

N° **14.** *Mazure, à la Martinière* (3 prod.).

a. Blés mélangés (8 variétés : blanc anglais, rouge anglais, blanc suisse, rouge de Saumur, bleu dit de Noé, rosé, géant et Essex blanc).

b¹. Gerbe de blés mélangés (8 variétés).

b². id.

N° **15.** *Michaux (J.), à Bonnières* (15 prod.).

a. Plan en relief à l'échelle d'un centimètre pour mètre de son établissement agricole, comprenant : exploitation culturale, distillerie d'alcools de betteraves et de céréales, rectification des alcools, bœufs à l'engrais, engrais liquides, etc. (*Voir la Notice.*)

b¹. Maïs d'Amérique.

b². Farine de maïs, — 1ʳᵉ qualité.

b³. id. — 2ᵉ id.

b⁴. Son de maïs.

b⁵. Résidus de grains (maïs et malt).

b⁶. Alcool de maïs (flegmes).

b⁷. id. rectifié, 3/6.

c¹. id. de betteraves (flegmes).

c². id. rectifié, 3/6.

d. Avoine grise.

e¹. Orge de Freneuse.

e². Farine d'orge de Freneuse.

e³. Orge de Freneuse maltée.

f. Engrais liquide fabriqué par l'exploitant.

N° **16.** *Pluchet (Emile), à Trappes* (11 prod.).

a¹. Gerbe de blé bleu et de Bergues, mélangés.

a². Blé bleu et de Bergues, semés mélangés, — récolte 1861, à la qualité de laquelle les circonstances atmosphériques ont été si défavorables.

b^1. Gerbe de blé bleu, dit de Noé.

b^2. Blé bleu dit de Noé, — récolte 1861, à la qualité de laquelle les circonstances atmosphériques ont été si préjudiciables.

c^1. Gerbe de seigle ordinaire du pays.

c^2. Seigle ordinaire du pays, — récolte d'une abondance exceptionnelle en 1861.

d^1. Gerbe d'avoine grise, dite de Houdan.

d^2. Avoine grise dite de Houdan, -- variété bien appréciée par sa qualité et sa rusticité.

f. Colza parapluie, — récolte 1861, la plus mauvaise qui ait jamais été obtenue.

g. 4 toisons de béliers dishley-mérinos (tonte du 24 mars).

g^1. Toison d'agneau.   id.   id.

No 17. *Cte R. de Pourtalès, à Bandeville* (32 prod.).

a^1. Tuiles faîtières à bourrelet de recouvrement, fabriquées avec la machine à étirer les tuyaux de drainage.

a^2. Tuiles et demi-tuiles mécaniques à recouvrement, façon Muller.

b. Fromage, façon gruyère.

Culture expérimentale de l'ouvrier Pierre Hétrus :

c^1.	Un pied de blé carré rouge,	1 grain	: 20	épis.
c^2.	id. rouge du pays,	id.	: 31	id.
c^3.	id. barbu roux,	id.	: 30	id.
c^4.	id. rouge du pays,	id.	: 33	id.
c^5.	id. barbu blanc,	id.	: 24	id.
c^6.	id. blanc du pays,	id.	: 20	id.
c^7.	id. blanc de Am,	id.	: 16	id.
c^8.	id. carré blanc,	id.	: 24	id.
c^9.	id. roux barbu,	id.	: 20	id.
c^{10}.	id. rouge du Roussillon,	id.	: 25	id.

c^{11}. Un pied de blé rouge barbu,   1 grain : 36 épis.

c^{12}.   id.   id.   id.   : 29 id.

c^{13}.   id.   blanc du pays,   id.   : 16 id.

c^{14}.   id.   carré blanc,   id.   : 20 id.

c^{15}. Gerbe de blé rouge du pays.

c^{16}.   id.   blanc du pays.

c^{17}. Blé rouge du pays.

c^{18}. Glane de différentes variétés de blé de la culture de Pierre Hétrus.

d^{1}. Un pied de seigle touffu, 1 grain : 47 épis. (Cult. P. H.)

d^{2}. Une gerbe de seigle du pays.

e^{1}. Un pied d'avoine noire du pays.

e^{2}. Une gerbe id.   id.

e^{3}.   id.   id.   blanche du pays.

e^{4}.   id.   id.   double id.

f. Pois   (fourrage).

g. Féverolles   id.

h^{1}. Haricots blancs à rames du pays, dits de Soissons.

h^{2}.   id.   noirs du pays.

h^{3}.   id.   flageolets verts du pays.

No 18. *Rabourdin (Antoine,)* à *Villacoublay* (1 prod.).

a. Blé bleu, récolte 1861.

No 19. *Rémont (P.),* à *Versailles* (7 prod.).

a^{1}. Fécule d'igname de Chine, 1er qualité.

a^{2}.   id.   2e id.

b^{1}. Fourrage de l'acacia inermis.

b^{2}.   id.   , mélangé de foin de pré.

c^{1}. Filasse du sida de Chine qui sert à la fabrication du papier en Chine.

c^{2}. Fil obtenu avec le sida de Chine, plante cultivable dans les terrains sablonneux.

d. Jeunes poiriers, — 25 modèles pour l'expédition au long cours.

N° 20. *Richard de Jouvance, à Versailles* (10 prod.).

a^1. Carte agricole de la commune de Trappes (exploitations agricoles).

a^2. Carte agricole de la commune de Thiverval (géologie).

a^3. Carte agricole de la commune de Thiverval (culture de Grignon).

a^4. Carte agricole des communes de Wissous et Paray (classement qualitatif du sol).

a^5. Carte agricole de la commune de Dampierre (divisions culturales).

a^6. Carte agricole de la commune de Palaiseau (géologie).

b^1. Spécimen de statistique agricole, appliqué à la commune de Trappes ; br. in-4°, avec carte et plans.

b^2. Notice statistique à l'appui de la carte agricole de Palaiseau ; br. in-4°, avec carte.

c^1. Compte-rendu des opérations du Comice agricole de Seine-et-Oise en 1860.

c^2 Compte-rendu des opérations du Comice agricole de Seine-et-Oise en 1861.

N· 21. *Rousseau (Lucien), à Angerville* (7 prod.).

Taisons de moutons mérinos français (variété de Beauce).

a^1.	Laine	mère,	tonte de juin 1860.	
a^2.	id.	d'agneau,	id.	id.
b^1.	id.	mère,	id.	1861.
b^2.	id.	d'agneau,	id.	id.
c^1.	id.	mère	id.	mars 1862.
c^2	id.	d'agneau,	id.	id.
d.	Toison d'une brebis de 3 ans,		id.	id.

N° 22. Tétard aîné, à la Mortière (6 prod.).

a   Blé bleu.

b.   id. Cheddam.

c.   Colza

d.   Alcool de betteraves (flegmes).

e.   Huile de colza, non épurée.

f.   Tourteaux de colza, en tablettes.

N° 23. Varin (Léonard), à Rambouillet (4 prod.).

a   33 Modèles d'appareils et d'instruments d'apiculture.

b¹.   Miel.

b².   id.

c.   Cire.

Le secrétaire-archiviste du Comice,

RICHARD DE JOUVANCE.

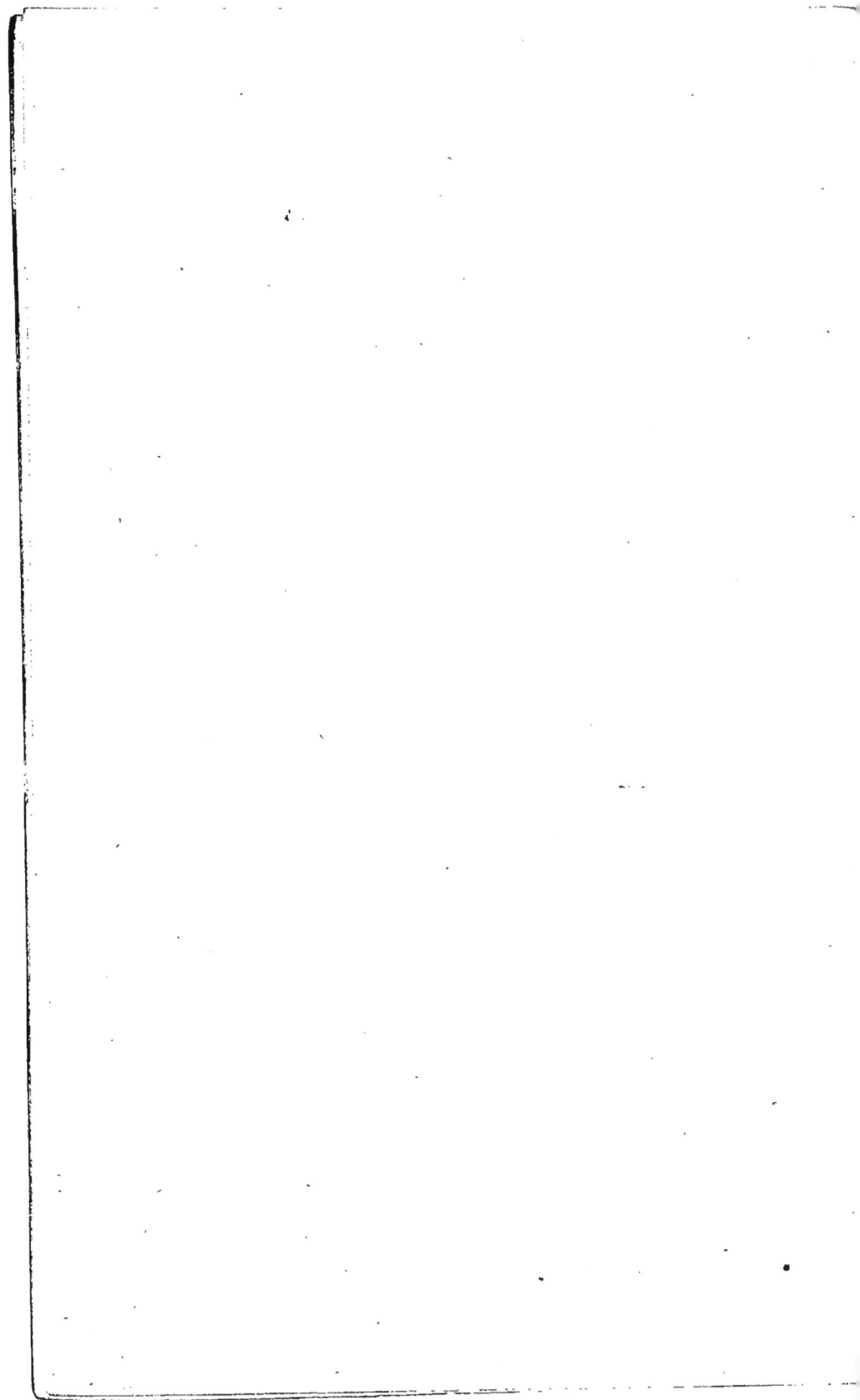

NOTICES

SUR LES EXPOSANTS,

Extraites des bulletins rédigés en conformité de l'article 19 du Règlement général de la Commission impériale, et destinées à faire apprécier, par le Jury des récompenses, le mérite de chaque exposant, l'importance de sa production et les perfectionnements qu'il y a introduits depuis l'Exposition universelle de 1851.

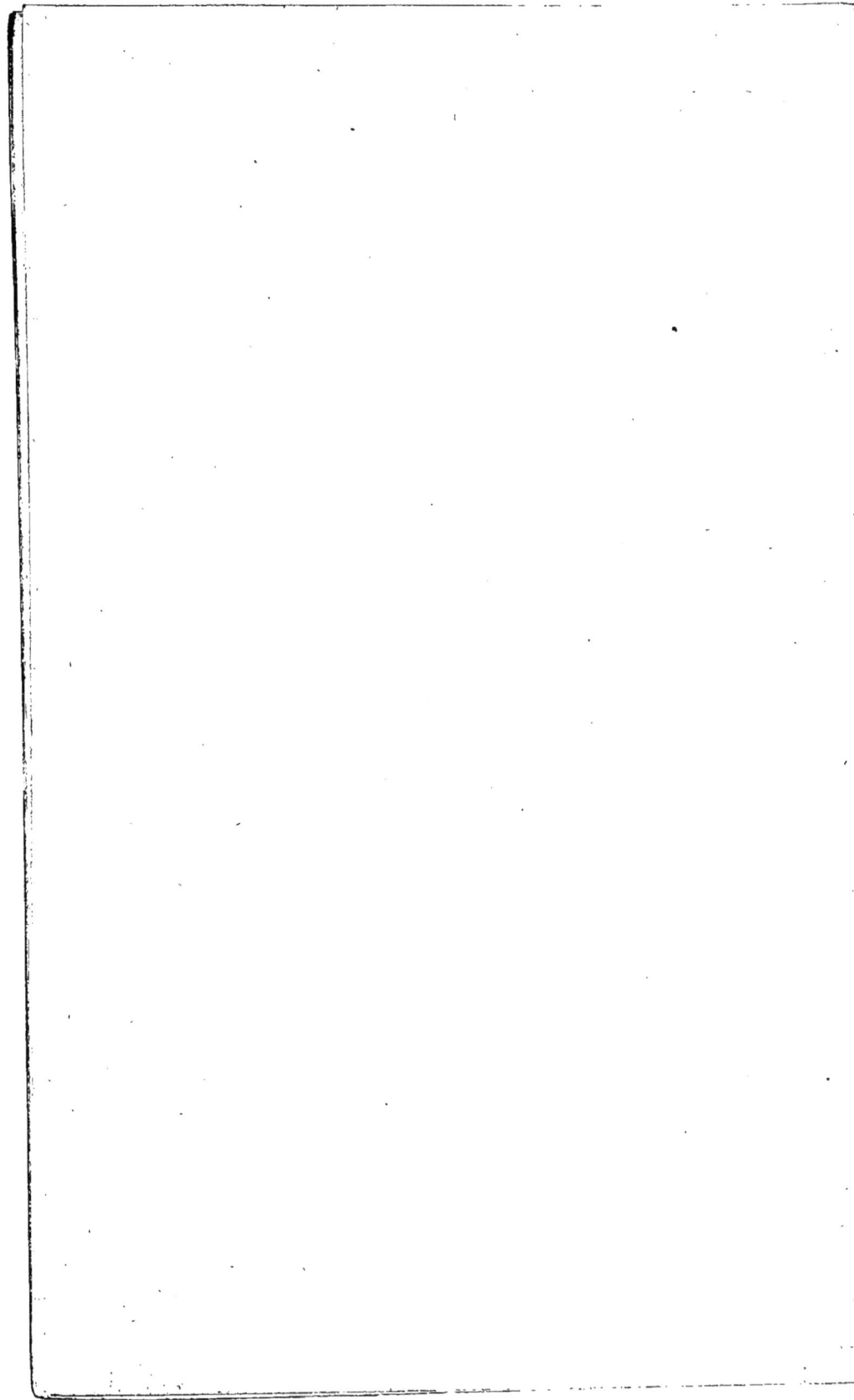

NOTICES.

T. Béglin et Cie.

L'industrie de M. T. Béglin et Compagnie repose spécialement sur l'utilisation du sang des animaux abattus dans les abattoirs de la ville de Paris.

Il y a dix ans, l'utilisation du sang des animaux abattus, comme engrais, était encore a peine connue, et plutôt présentée comme un souhait à réaliser au profit de l'agriculture. MM. Payen et Derosne élaborèrent cette question ; M. Bonnet lui fit faire ses premiers pas. C'est à sa suite que MM. Béglin et Compagnie se chargèrent de traiter toute la masse de sang produite par les abattoirs de Paris que le raffinage du sucre et la fabrication de l'albumine pour impressions ne prenaient pas, et qu'ils fondèrent, en 1854, dans le département de la Seine, leur premier établissement, reconstitué et transféré, en août 1859, à La Minière, près Versailles.

Après bien des insuccès, bien des efforts, cette opération est devenue commerciale et une fabrication industrielle. La création des outils, le choix des réactifs chimiques, la méthode du travail, les combinaisons commerciales sont dus à M. Béglin. La fabrique de La Minière livre actuellement de 5 à 600,000 kilos de sang sec par année à la culture ;

les opérations augmenteront avec la production du sang frais.

La dessication du sang a résolu le problème des engrais concentrés, susceptibles de transports éloignés, sans altération. Le sang desséché est prérieux pour la fabrication des engrais artificiels auxquels il fournit un titrage d'azote déterminé, ainsi que des matières organiques, et sa richesse sous un poids et un volume restreints, lui permet de s'associer les sels minéraux qui lui sont nécessaires pour former un engrais complet. — C'est dans ce but qu'il entre dans la composition de l'engrais de La Minière des phosphates, de la potasse, etc., etc. — Les chairs d'animaux peuvent être travaillées par les mêmes procédés.

Le produit commercial représente 12 0/0 d'azote et 75 0/0 de matières organiques; le prix, en gros, est de 20 fr. les 100 kilos et de 24 fr. au détail, livré par sacs de 50 kilos.

Cette fabrication, comme celle de la boyauderie, était très-désagréable à cause de sa mauvaise odeur; si les procédés chimiques pour lesquels M. Béglin vient d'obtenir brevet parviennent à détruire presque complétement, comme il le prétend, cette mauvaise odeur, l'exploitation de son industrie est appelée à de grands développements et à de précieux résultats.

Le vice-secrétaire du Jury départemental,
RICHARD DE JOUVANCE.

Vu :

Le président du Jury de Seine-et-Oise.
DARBLAY jeune.

Colet (Jacques).

M. Colet (Jacques), à Saulx-Marchais, a inventé, construit et exposé, comme *modèles* seulement, trois outils à main, savoir : un sécateur courbe à douille propre à toutes sortes de taille d'arbres fruitiers ou autres ; une pince pour détruire les insectes et un outil permettant de cueillir les pommes, poires, etc..., qu'il nomme *turlututu*.

Les deux premiers outils, inventés en 1851, lui ont mérité au concours du Comice agricole de Seine-et-Oise, où il les exposait pour la première fois, une médaille de bronze.

Le *turlututu*, sa dernière invention, n'a pas encore été soumise à l'examen d'un jury.

Le vice-secrétaire du Jury départemental,

RICHARD DE JOUVANCE.

Vu :

Le président du Jury de Seine-et-Oise,

DARBLAY jeune.

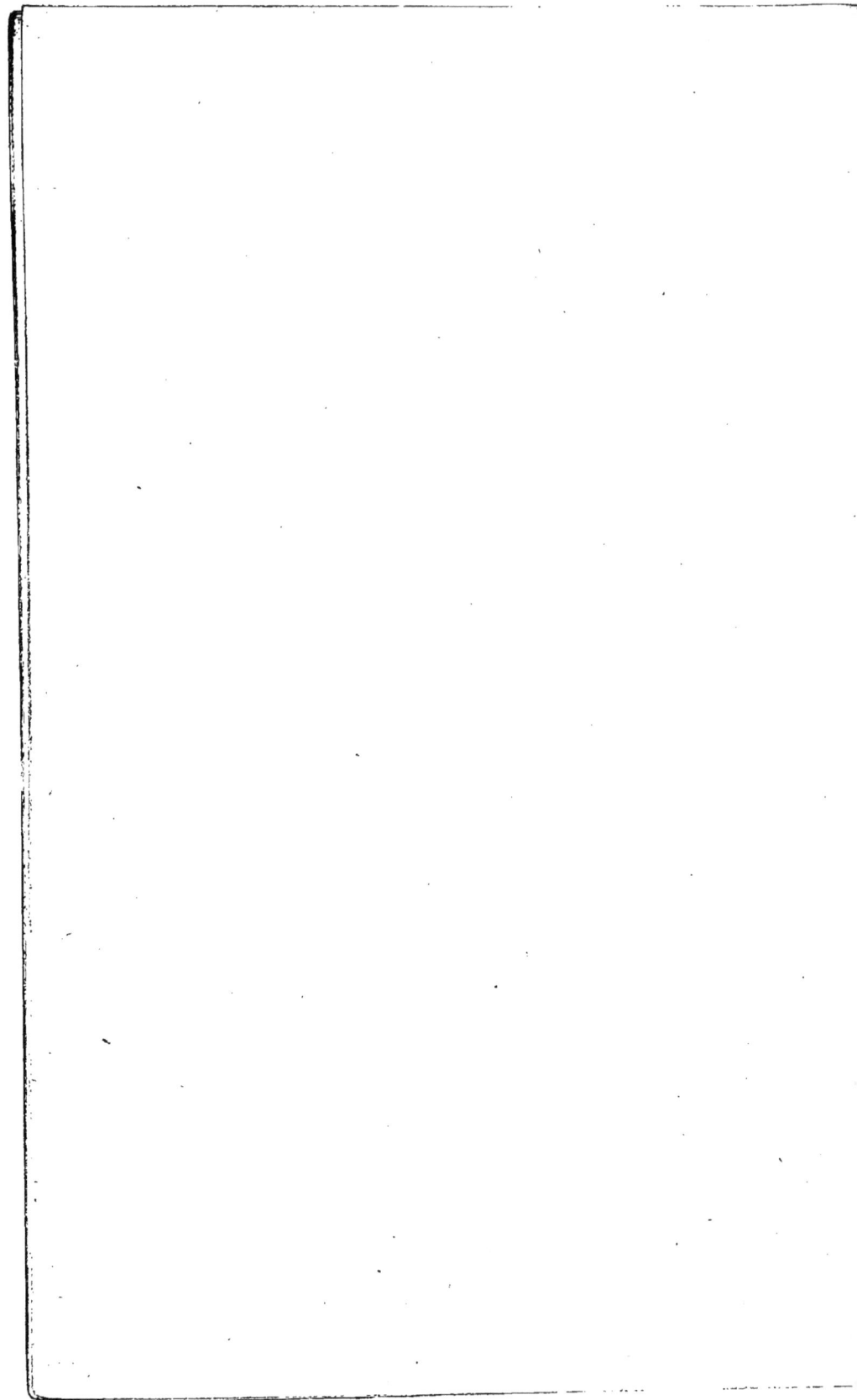

Cugnot (F.) fils.

La ferme de la Douairière, exploitée d'abord par M. Cugnot père, aujourd'hui par M. Cugnot fils, réunit aussi celle dite de la Plaine-Coulon, située sur la route de Rambouillet à Chevreuse. Cette exploitation se compose de 245 hectares de terre, qui peuvent se diviser en deux tiers bonne terre et un tiers graveleux de médiocre qualité, occupé par les pâtures, prés bas et aulnais. La culture de cette ferme est principalement dirigée pour arriver à donner au troupeau mérinos-pur espagnol, qui y est entretenu depuis sa création par M. Cugnot père, une alimentation en rapport avec ses goûts et son importance.

Ce troupeau, l'émule de celui de M. Gilbert, de Wideville, se compose de 6 à 700 têtes qui donnent, à la tonte de juin, des toisons du poids moyens de 6 kilogrammes, et dont la vente se fait en moyenne au prix de 2 fr. 50 cent. le kilogramme. Chaque année, le nombre des béliers élevés sur la ferme est ordinairement de 100 têtes, sur lesquels 80 ou 90 sont vendus comme reproducteurs en France, en Amérique, en Australie, au Cap de Bonne-Espérance et dans la Nouvelle-Zélande. Une grande douceur dans la laine, une mèche longue et une aptitude très-grande à l'engraissement sont les principales qualités qui font rechercher les béliers du troupeau de la Douairière par les éleveurs de France partisans de la race mérinos.

Le sol de la ferme étant argileux, il a été nécessaire, pour rendre la culture facile en tout temps, d'y appliquer le drainage; déjà près de la moitié de la ferme est drainée, et les opérations ont été dirigées de façon à faire disparaître une grande quantité de mares qui existaient dans les pièces et y entretenaient une grande humidité.

Les différentes cultures de la ferme de la Douairière sont le blé, l'avoine, les féverolles, les fourrages artificiels, les betteraves et le colza. Le blé y est généralement fait après féverolles sarclées, minettes mangées en vert par le troupeau, betteraves et colza.

Chaque année, 15 hectares de terre environ sont ensemencés en betteraves et carottes, qui sont consommées dans la ferme par le troupeau et par 70 ou 80 vaches qui sont engraissées avec addition de grains et de tourteaux. Tous ces animaux, avec les chevaux et le troupeau, fournissent une grande quantité de fumier.

Une machine à vapeur locomobile de la force de 6 chevaux, établie dans la ferme depuis quelques mois seulement, sert aux battages et à la préparation de la nourriture du troupeau et des bêtes d'engrais; elle fait mouvoir aussi les concasseur de tourteaux, coupe-racines, hache-paille et laveur de betteraves; tous les fourrages sont consommés hachés, et mélangés avec les racines (après fermentation).

Enfin, une fosse à purin, d'une grande dimension, reçoit toutes les eaux d'égout qui ont lavé la cour et qui servent en été à l'arrosement du fumier : l'hiver, le mélange du fumier des vaches avec celui des moutons et des 20 chevaux, en dispense complétement. Un très-gros tuyau collecteur de drainage doit être établi l'année prochaine, et utilisé pour conduire les eaux d'égout de la cour de la ferme sur des prairies qui seront créées sur des côteaux jusqu'alors incultes, et que cet arrosage va fertiliser.

Le vice-secrétaire du Jury départemental,

RICHARD DE JOUVANCE.

Vu :

Le président du Jury de Seine-et-Oise,

DARBLAY jeune.

Dailly (Adolphe).

L'exploitation en régie de la ferme de M. Adolphe Dailly s'étend sur 280 hectares de terre, dont les 8/9ᵉˢ lui appartiennent. Elle s'est placée depuis longtemps au premier rang des meilleures et des plus sages cultures.

Transmise de père en fils depuis 1780 dans la famille de M. Dailly, augmentée d'une féculerie de pommes de terre en 1822, M. Adolphe Dailly l'a complétée en 1855 d'une distillerie (système Champonnois).

La poste aux chevaux de Paris, que fait valoir personnellement M. Adolphe Dailly, procure à la ferme de Trappes, comme à celle de Bois-d'Arcy qui lui est toute voisine, exploitée aussi en régie pour son compte, de grands avantages. Outre l'écoulement assuré de tous leurs fourrages et des avoines, elle tient toujours à leur disposition autant de fumiers que les besoins de la culture l'exigent. Pour le prix de nourriture seulement, elle leur entretient leurs attelages avec les chevaux de la poste qui ont besoin de se refaire.

La *féculerie*, ainsi que la *distillerie* assurent, par leurs résidus, une nourriture abondante et économique pour le bétail pendant l'hiver.

Les *poudrettes* fabriquées avec les dépôts des eaux provenant de la féculerie avant qu'elles n'arrosent les terres, sont autant d'engrais très-fécondants, peu coûteux, et dont la ferme de Trappes profite.

La culture de ces deux belles exploitations est alterne; les produits moyens annuels de celle de Trappes peuvent être évalués ainsi :

Blé froment.	2,000 hectol.
Avoine.	2,000 —
Fourrages.	3,000 quint.
Betteraves	1,000,000 kil.
Pommes de terre . . .	5,000 hectol.
Colza.	600 —

La féculerie fabrique ordinairement 100,000 kilogrammes de fécule.

La distillerie livre à la rectification 500 hectolitres d'alcool (flegmes à 100°).

Avec les résidus de la féculerie et ceux de la distillerie, la ferme de Trappes peut fournir à la boucherie 22,000 kilogrammes de viande provenant de sa vacherie et de son troupeau d'environ 500 têtes métis-mérinos.

Le vice-secrétaire du Jury départemental,

RICHARD DE JOUVANCE.

Vu :

Le président du Jury de Seine-et-Oise,

DARBLAY jeune.

Darblay jeune.

La maison Darblay jeune est trop universellement connue par l'importance de ses affaires en céréales, par la perfection de sa mouture et la supériorité de ses farines, par la haute honorabilité de sa marque commerciale et la loyauté de ses transactions, pour que le rapporteur de cette notice juge utile d'en signaler une fois de plus la réputation ; mais il croit devoir entrer dans quelques détails intéressants, relativement aux établissements de Corbeil et de St-Maur qui en sont les pivots, et aux principales améliorations successives qui y ont été introduites par l'intelligente et industrieuse initiative de M. Darblay jeune.

Le premier de ces deux établissements, Corbeil, date de 1830.

M. Darblay jeune était à cette époque, et depuis longtemps déjà, de société avec son frère aîné, propriétaire et exploitant d'une usine considérable pour l'époque, à Chagrenon, près Étampes.

Ces Messieurs prirent à loyer, des hospices de Paris, en 1830, le grand moulin de Corbeil, qui était alors abandonné.

M. Darblay jeune, qui s'occupait plus particulièrement de la fabrication et qui habitait Corbeil, fit successivement des améliorations au mécanisme de ce moulin, qui eut bientôt une grande réputation par la perfection de ses produits.

3

En 1839, M. Darblay aîné se retira des affaires.

Peu de temps après, M. Darblay jeune fit dans l'usine des changements importants au mécanisme du moulin, notamment la transmission du mouvement par courroies qui est aujourd'hui appliquée dans toutes les nouvelles usines.

Depuis cette époque M. Darblay jeune s'est associé son gendre, M. Béranger, puis, quelques années après, son fils.

Il a, avec eux, continué l'exploitation des moulins de Corbeil, auxquels ils ont successivement annexé divers moulins du voisinage, dont ils ont ou perfectionné ou refait à neuf le mécanisme, toujours en y appliquant le système de transmission par courroies.

C'est en cherchant toujours à apporter de nouvelles améliorations à ce qui existait, qu'ils ont trouvé le moyen de mettre les meules au rez-de-chaussée, en plaçant la commande de l'arbre de meule au plancher supérieur, toujours bien entendu, avec les courroies.

Les meules gisantes ont par ce moyen une solidité très-grande, puisqu'elles ne peuvent éprouver le moindre ébranlement, ce qui n'existe pas quand les meules reposent sur un plancher ou charpente, quelque solide qu'il soit.

MM. Darblay jeune, fils et Béranger ayant acquis les eaux et usines de St-Maur en 1849, y ont trouvé des moulins très-importants, qui étaient sans locataire.

Ces moulins, dont les bâtiments avaient été bien construits et dont les moteurs (Turbines du système

Fourneyron) ne laissaient rien à désirer, avaient été montés, en 1839, avec des engrenages qui ne fonctionnaient pas avec la perfection qu'exigeait la fabrication.

MM. Darblay jeune, fils et Béranger, durent donc se mettre de suite à l'œuvre pour changer le mécanisme de transmission, et ils adoptèrent le système qu'ils avaient expérimenté dans une petite usine près de Corbeil, consistant :

1° à placer les meules gisantes au rez-de-chaussée, de manière à leur donner la plus grande fixité et immobilité possibles ;

2° à donner le mouvement à la meule courante par une griffe ou manchon fixé à l'extrémite d'un arbre qui, à l'étage supérieur porte une poulie commandée par une courroie.

Ces Messieurs ont encore ajouté à cet ensemble un perfectionnement de détail, qui consiste à engrener le blé sous la meule par l'arbre même de la meule, lequel, n'ayant plus besoin d'avoir la même force que quand il supportait la meule courante, est creux.

L'alimentation des meules se fait aussi avec plus de régularité que par les conduits en fer blanc ou en zinc, qui, pour amener le blé sous les meules, sont souvent coudés et rétrécis : disposition qui arrête la descente régulière du blé et laisse souvent marcher les moulins à vide.

MM. Darblay jeune, fils et Béranger, ont aussi ajouté, à leurs moulins de Corbeil, *une huilerie* qui a pour moteur la vapeur.

Cette huilerie est parfaitement montée ; elle a trois paires de meules et peut produire, par jour, 15,000 kilogrammes d'huile ; elle est spécialement destinée à la trituration des graines de colza ; mais elle pourrait aussi triturer d'autres graines.

On examinera certainement avec le plus grand intérêt le modèle, en petit, des moulins de St-Maur, que MM. Darblay jeune, fils et Béranger, ont bien voulu exposer à côté des beaux produits de leur fabrication, et qui donne si justement connaissance de ce vaste et admirable établissement.

Le vice-secrétaire du Jury départemental,

RICHARD DE JOUVANCE.

Vu :

I e vice-président du Jury de Seine-et-Oise,

BIÉTRY.

Fortin (F).

M. Fortin (F.), est le seul fabricant de meules du département de Seine-et-Oise. Il fournit, pour le compte de MM. Roger fils et Cie, dont il est l'associé et le représentant à Étréchy, à la plus grande partie des meuniers de la vallée d'Étampes les meules dont ils ont besoin.

La renommée des farines de cette localité établie conséquemment celle des meules de la fabrication ordinaire de M. Fortin ; mais cet habile fabricant vient d'inventer un nouveau système de rayonnage qui permet à la meule courante d'apporter à sa mouture un aérage naturel, sans l'introduction d'aucun appareil, et c'est pour produire cette importante invention, à Londres, qu'il a soumis au Jury de Seine-et-Oise sa demande d'exposer. M. Fortin a établi son droit de se présenter personnellement, et nominativement, en faisant observer qu'il s'était réservé, comme sa propriété exclusive, toutes les améliorations nouvelles qu'il pourrait apporter dans la fabrication des meules que lui confiait la maison Roger fils et Cie, de Seine-et-Marne.

Le vice-secrétaire du Jury départemental,

RICHARD DE JOUVANCE.

Vu :

Le président du Jury de Seine-et-Oise,

DARBLAY jeune.

Frapart.

La ferme de Goussainville est cultivée par M. Frapart, depuis l'année 1837. Les terres, d'une étendue de 265 hectares, soumises avant lui à l'assolement triennal, passèrent entre ses mains à une rotation alterne avec soles de blé, d'avoine, de colza, de betteraves, de pommes de terre et de fourrages artificiels. Voici, succinctement, les principales améliorations introduites par M. Frapart dans cette exploitation, et ses résultats économiques les plus saillants :

Marnage complet de toutes les terres, pour développer les prairies artificielles ;

Introduction de la culture en grand de la betterave, pour augmenter la nourriture du bétail et la masse des engrais ;

Montage d'une distillerie, système Champonnois, pour 12,000 kilogrammes de betteraves ;

Établissement, en 1856, d'une machine à vapeur fixe, de la force de 8 chevaux, servant de moteur à la machine à battre les céréales, au concasseur d'avoine, au hache-paille et à tous les organes de la distillerie ;

Augmentation du troupeau d'élèves ; — introduction du sang Dishley par croisement avec les béliers du troupeau de M. Émile Pluchet, de Trappes ;

Entretien, pendant 8 mois, de 100 têtes de gros

bétail avec les pulpes de 40 hectares de betteraves, provenant de la distillerie ;

Achat annuel de 5,500 quintaux de fumier de casernes de cavalerie, et de tourteaux de colza et de poudrettes pour une somme de 12,000 francs ;

Substitution des bœufs aux chevaux pour le labourage ;

Introduction et usage des instruments de culture perfectionnés tels que : charrues Brabant, rouleau Croskill, bineurs, buteurs, extirpateurs, etc.

Le vice-secrétaire du Jury départemental,

RICHARD DE JOUVANCE.

Vu :

Le président du Jury de Seine-et-Oise,

DARBLAY jeune.

Fréville.

M. Prosper Fréville abandonna la carrière de la marine pour s'adonner, encore très-jeune, à celle de l'agriculture, sous la direction de sa mère, restée seule à la tête d'une exploitation importante et qui désirait vivement le voir lui succéder.

Intelligent et ardent, il fut bientôt à la hauteur de la tâche, puis voulut faire *plus et mieux*.

Aujourd'hui il cultive deux fermes d'une étendue d'environ 300 hectares, dans lesquelles il suit rigoureusement l'assolement alterne, au moyen du colza et de la betterave intercalés dans la rotation des diverses céréales. Il entre dans son système de culture d'avoir toujours, au moins, le quart de ses terres en prairies artificielles, tant pour le repos de ses terres que pour l'alimentation d'un bétail d'autant plus nombreux que les pulpes de la distillerie, annexée à sa ferme, sont exclusivement employées à l'engraissement de ce bétail qui caractérise le mode d'exploitation adopté; c'est-à-dire, engraissement économique du plus grand nombre possible de bêtes, et production d'engrais.

On compte à la ferme, en moyenne : 15 à 18 chevaux; 12 à 14 bœufs de travail et d'engrais ; 50 vaches et 1,000 moutons.

Les urines et les fumiers de toutes ces bêtes sont parfaitement traités, et malgré cette abondante production d'engrais, M. Fréville achète encore, annuellement, pour une dizaine de mille francs de poudrettes du commerce et de guano du Pérou.

Le sol des terres est plutôt chaud que froid, léger que fort ; le sous-sol en est généralement perméable, à quelques rares exceptions près ; dans ces parties, des drainages d'essai et d'utilité ont été pratiqués.

Voici, à peu près, dans quelle proportion se font annuellement les emblavements : 70 hectares de blé, 70 hectares de betteraves, 70 hectares de prairies artificielles, 35 hectares de colza et 35 hectares d'avoine. — Dans cet assolement l'élément fourrager domine. — La ferme consomme les 70 hectares de foin, les 70 hectares de betteraves (en nature et en pulpes de distillerie) et les 35 hectares d'avoine ; quant aux 70 hectares de blé et aux 35 de colza, les récoltes en sont vendues.

L'année dernière (1860), M. Fréville a fait reconstruire sa distillerie et a apporté dans son installation et sa mise en œuvre tous les perfectionnements que l'expérience acquise et les conseils éclairés de ses confrères les plus compétents lui permettaient de réaliser. M. Fréville ne veut pas se faire distillateur, il tient à rester cultivateur ; — il n'achète pas de betteraves à ses voisins ; il ne distille que les produits de sa culture.

L'araire Dombasle a reçu de lui des additions et des modifications intéressantes : il y a adapté successivement divers régulateurs et, entre autres, un levier articulé commandé par une vis à écrou, qui règle l'entrure du soc. De plus, un essieu à glissière permet de régler la largeur de la raie. — Ces araires, qu'il fait établir sous sa direction, par le maréchal de son village, ne sont jamais attelés que de deux bœufs : il fait aussi de bons labours en en mettant quatre à un *bi-socs* également bien approprié par ses soins.

Le vice-secrétaire du Jury départemental,

RICHARD DE JOUVANCE.

Vu :

Le président du Jury de Seine et-Oise,

DARBLAY, jeune.

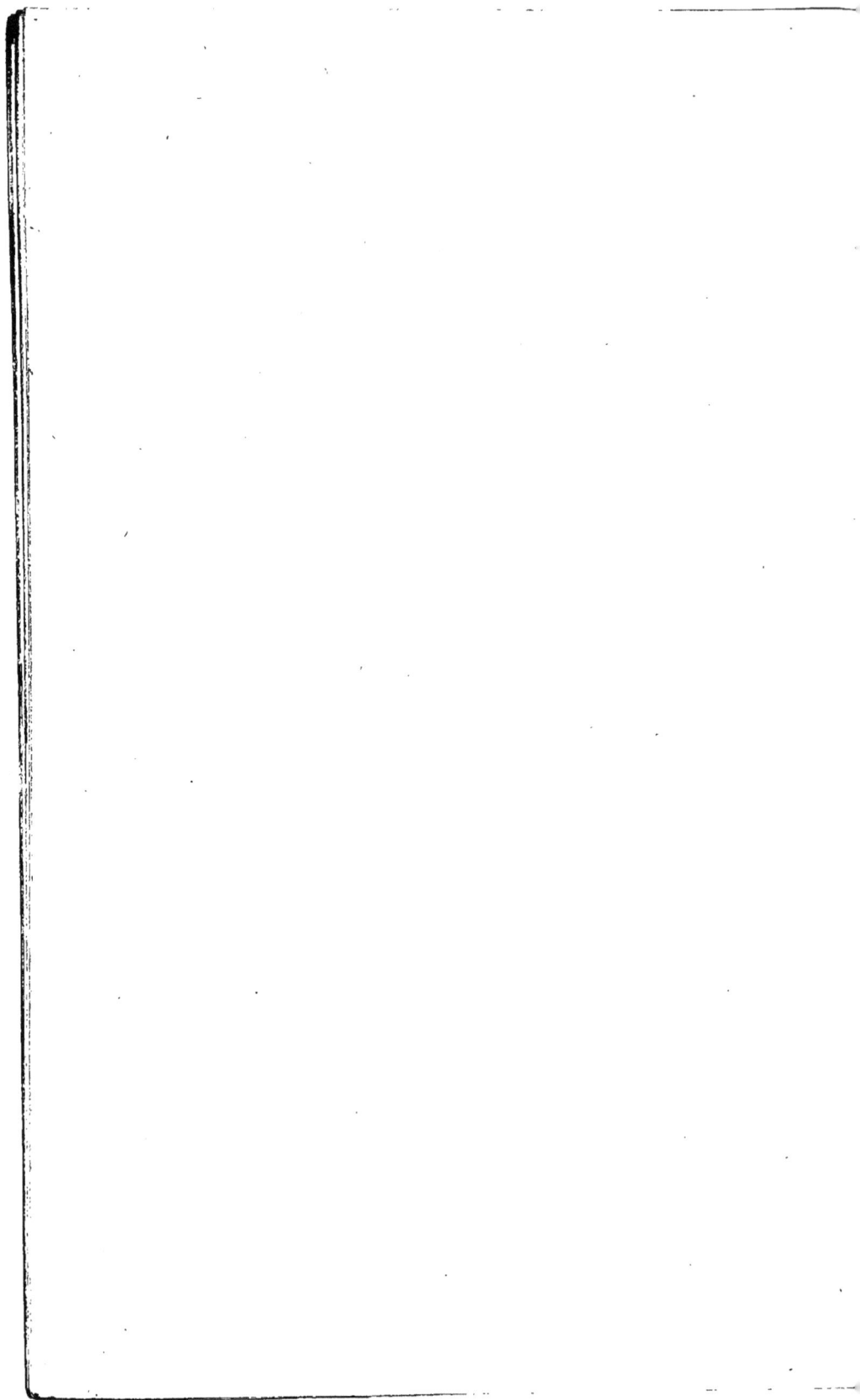

Gadiffert.

Presque tous les instruments d'agriculture que construit M. Gadiffert sont faits sur commande et ne sortent guère du rayon agricole des environs de Houdan. — Mais les cultivateurs qui en font usage se plaisent à en reconnaître la bonne exécution et la solidité : ses hache-pailles et ses coupe-racines sont particulièrement d'une fabrication soignée qui les a fait récompenser dans plusieurs concours de Comices.

Le vice-secrétaire du Jury départemental,

RICHARD DE JOUVANCE.

Vu :

Le président du Jury de Seine-et-Oise,

DARBLAY jeune.

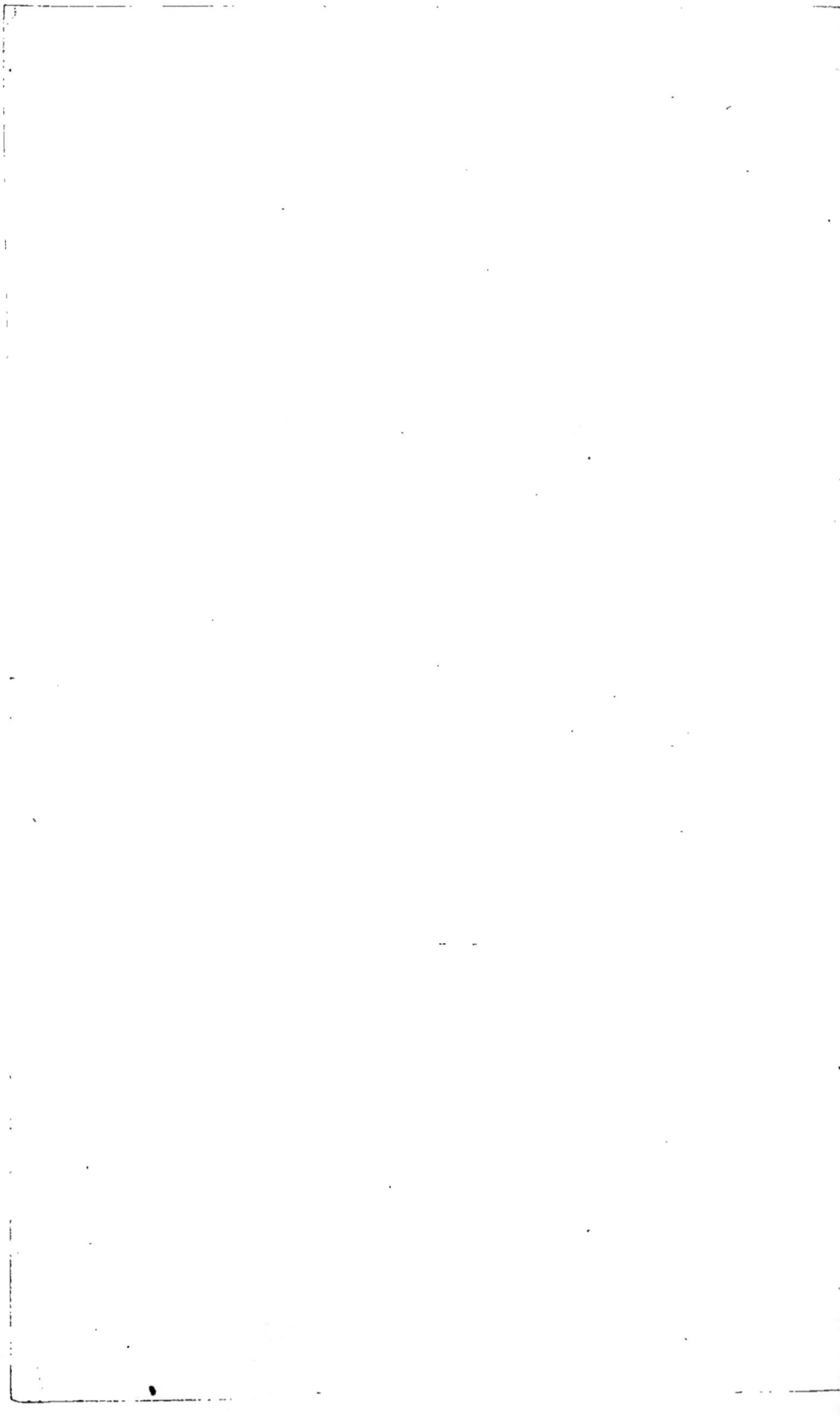

Gilbert (Victor).

M. Victor Gilbert cultive la ferme de Wideville, commune de Crespières ; il exploite l'élevage d'un troupeau de moutons mérinos purs, très-justement renommé, qui est la branche capitale de son industrie agricole et qui commande tout le reste.

La ferme de Wideville a une étendue de 278 hectares : son sol généralement calcaire est de médiocre qualité. La culture, subordonnée à l'entretien des moutons, a conduit à faire des prairies artificielles, sur le quart des terres : pour augmenter le produit de la partie conservée en céréales, des labours ont été donnés profondément dans les terres inférieures, ou de 3ᵉ et 4ᵉ classe, à l'instar de ceux pratiqués si judicieusement et avec tant de succès, par M. Bella père, sur les terres de la ferme-école de Grignon. Les récoltes de Wideville, à la suite de ces labours profonds et de fortes fumures, sont devenues aussi abondantes que celles obtenues ordinairement dans les terres de 2ᵉ qualité. Celle de blé, de 19 hectolitres qu'elle était à l'hectare, atteignit en moyenne 27 hectolitres, et de même pour l'avoine.

L'établissement d'élèves du mouton mérinos, type espagnol, a été fondé en 1800, par Jean-Baptiste Gilbert, à la ferme de Pennemort, commune de Maule. Quoique mis dans la gêne par les désastres de la révolution de 1793, cet ardent éleveur n'hésita pas à emprunter, à 10 pour 0/0, une somme de 300 francs, pour payer la première brebis qu'il acheta *seule*, en 1800, à la ferme de Rambouillet. Il continua avec persévérance et très-onéreusement, ses petites acquisitions à Rambouillet, jusqu'en 1819. Son troupeau d'élèves étant alors arrivé à 300 têtes, il commença à en vendre les produits.

En 1828, son fils, M. Victor Gilbert, lui succéda et transporta le troupeau, de la ferme de Pennemort à celle de Wideville. Continuateur intelligent de l'œuvre de son père, cet habile éleveur augmenta encore le troupeau et lui acquit une véritable renommée, non-seulement en France, mais à l'étranger. En 1846, commencèrent de nombreuses exportations en Russie, en Pologne, dans les États Américains et en Italie : ces exportations s'élèvent aujourd'hui à 261 béliers et à 598 brebis. En France, M. Gilbert compte la vente de 2,309 béliers et de 1,599 brebis.

Cet admirable et riche troupeau est dirigé aujourd'hui par le petit-fils de son créateur, par M. Victor Gilbert fils ; il compte 750 têtes de mérinos purs, donnant à la tonte 6 kilos de laine en suint, vendues en moyenne 2 fr. 40 le kilo.

Les premiers mérinos de ce troupeau ne donnaient que 4 kilos de laine ; leur poids vif était de 50 kilos, il atteint aujourd'hui communément 70 kilos.

Dès l'année 1808, M. Gilbert père, se préoccupa d'avoir, pour la nourriture de son troupeau, en hiver, des aliments frais pouvant remplacer les fourrages verts, reconnus si favorables au bon entretien des moutons. Après bien des essais, il s'arrêta à la betterave et à la carotte qui, suivant M. Victor Gilbert, sont encore, avec des fourrages secs, la meilleure nourriture d'hiver et de bon entretien des moutons de Wideville.

Le vice secrétaire du Jury départemental,

RICHARD DE JOUVANCE.

Vu :

Le président du Jury de Seine-et-Oise,

DARBLAY jeune.

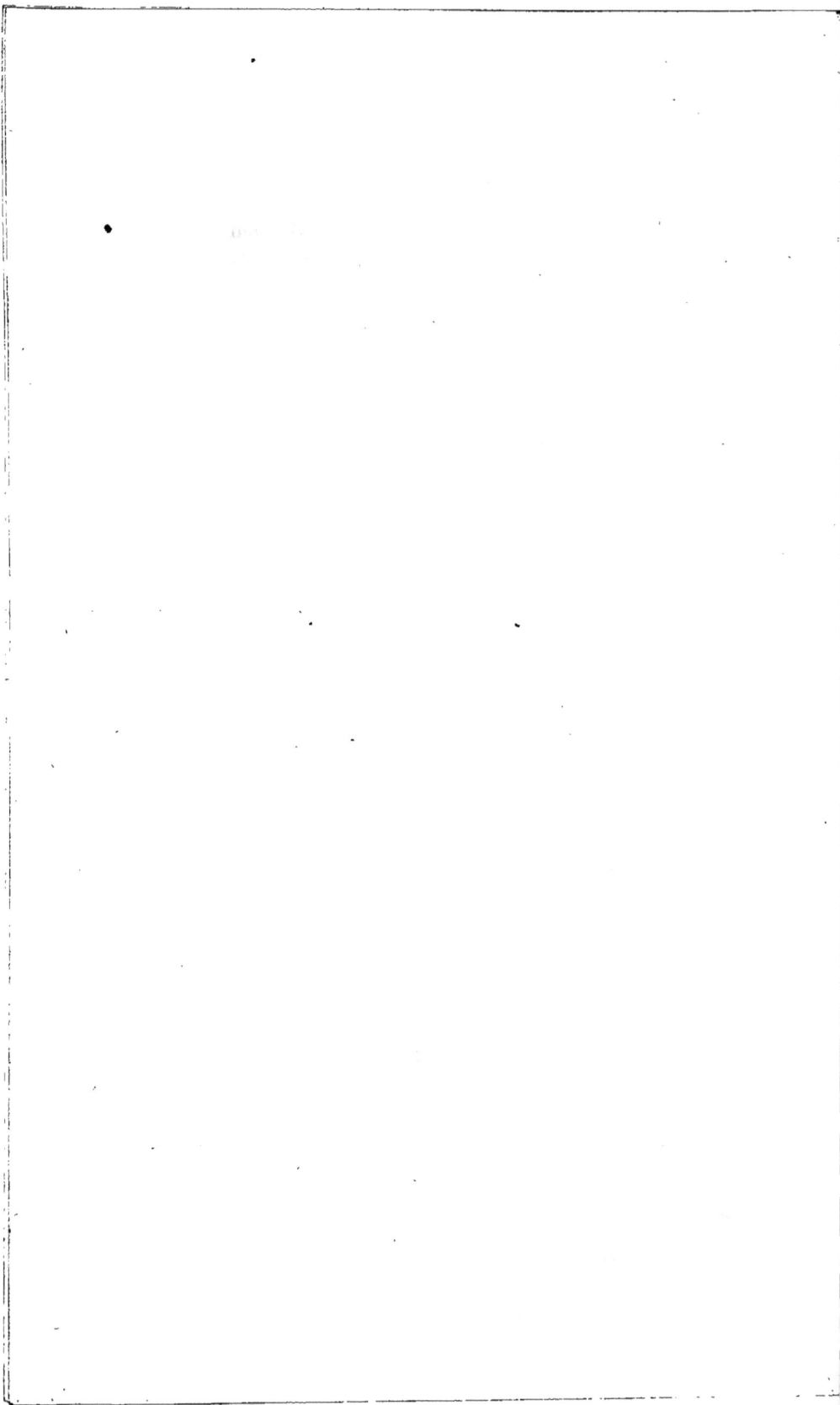

Godefroy.

M. Godefroy cultive à Villeneuve-le-Roi, depuis 1832, 170 hectares de terre, dont moitié dans le haut de la plaine en terre franche légère, et moitié dans la vallée de la Seine en terre siliceuse, acide et souvent brûlante. Ami dévoué des progrès agricoles, il en préside annuellement le Jury spécial, institué dans les concours du Comice, et, en 1851, il faisait partie de la commission d'étude envoyée par le Comice agricole à Londres, pour visiter l'Exposition universelle et les cultures voisines les mieux conduites.

Au début de son exploitation, la culture triennale faisait la base du système suivi par son père, qui, lui-même, avait commencé sa carrière d'agriculteur dans la ferme de Villeneuve-le-Roi, composée en partie de biens de famille en 1795, en laissant une grande portion de terres en jachère et en s'occupant fructueusement de l'élève du mouton-mérinos.

Les circonstances amenèrent M. Godefroy à abandonner bientôt l'élevage des moutons et les jachères. Il se livra, d'abord, à une culture plus intensive, en cultivant la betterave pour une sucrerie voisine; puis, aussi, pour les besoins de la ferme, pour les nourrisseurs de vaches de Paris qui consommaient, en même temps, une assez forte partie des fourrages et des pailles d'avoine : les pommes de terre et les colza complétaient ce nouveau système de culture. Il le modifia à nouveau en 1854, à l'apparition du procédé de distillation inventé par M. Champonnois.

M. Godefroy fut un des premiers à mettre en application, dans Seine-et-Oise, cette idée féconde, en installant dans sa ferme une distillerie pouvant opérer sur 8 à 10,000 kilogrammes de racines en 24 heures. Elle lui permit de suite d'entretenir, pendant tout l'hiver, de 7 à 800 moutons à l'engrais et une vingtaine de bœufs de travail qui, après la campagne agricole, sont envoyés à la boucherie, engraissés avec les résidus de la fabrication.

Il réfuta et combattit avec succès cette grossière erreur : *que la culture en grand de la betterave allait réduire la production en blé.* — En effet, les récoltes qu'il a obtenues depuis cette importante modification, dans son ancien système de culture, prouvent péremptoirement et plus que jamais, aujourd'hui, le contraire ; ainsi, de 1832 à 1842, — il récolta en moyenne 23 hectolitres 60 à l'hectare ; de 1842 à 1852, — en moyenne 26 hect. 45, et de 1852 à 1861, — une moyenne de 28 hect. 90 ! — La récolte de 1861 figure dans cette dernière moyenne pour un produit de 26 hectol. 20.

Le vice-secrétaire du Jury départemental,

RICHARD DE JOUVANCE.

Vu :

Le président du Jury de Seine-et-Oise,

DARBLAY jeune.

M. d'Huicque.

La ferme de Survilliers, exploitée par M. André d'Huicque, se compose de 385 hectares à divers propriétaires. La culture des terres est alternée de façon à avoir chaque année le tiers de leur superficie emblavé en céréales : cette récolte semée en ligne et binée étant considérée par M. d'Huicque comme donnant le plus de profits, par son rendement en grains et en paille vendus avantageusement.

M. d'Huicque, l'un des cultivateurs les plus distingués et les plus perspicaces de Seine-et-Oise, faisait partie, en 1851, de la délégation des six membres du Comice envoyés à l'Exposition universelle et chargés d'étudier les fermes les mieux tenues aux environs de Londres. C'est pendant cette étude et d'après les bons résultats qu'il était à même de pouvoir apprécier sur place, que M. d'Huicque revint d'Angleterre avec la conviction qu'il ne fallait pas semer les céréales autrement qu'en ligne, et qu'il se mit à construire avec intelligence un semoir simple et facile à diriger, dont il fait usage avec avantage depuis cette époque. A l'Exposition de 1856, à Paris, son semoir disposé pour servir de distributeur d'engrais obtint, à ce titre, une mention honorable.

Les céréales étant le pivot de son exploitation, il apporte un grand soin à l'étude et au choix des grains de semence. Pour arriver aux meilleurs résultats, tant sous le rapport du produit en grains que sous celui de la mouture, il a reconnu, après un grand nombre d'expériences comparatives, qu'il fallait renouveler ses grains de semence tous les ans et les choisir de préférence dans les pays d'un climat plus froid. Propagateur de cette méthode, les cultivateurs des environs de Survilliers, fixés maintenant sur ses bons effets, commencent à l'appliquer en achetant leurs semence en blé et avoine chez M. d'Huicque.

Une machine à vapeur locomobile met en mouvement la machine à battre le blé et plusieurs autres instruments d'intérieur de ferme.

Une exploitation de plâtre à bâtir sur le territoire de la commune de Saint-Witz, créé en 1852 ; — plusieurs fours-à-chaux agricoles et une fabrication d'engrais complètent l'ensemble des opérations utiles et remarquables que dirige avec ardeur M. d'Huicque.

La cour de sa ferme, dallée, empêche toute déperdition des purins, et le dépôt des fumiers est disposé de façon à leur conserver, autant que possible, tous leurs principes fertilisants.

L'agriculture de Seine-et-Oise est aussi redevable à M. d'Huicque de plusieurs perfectionnements dans le matériel ordinaire de culture ou d'exploitation des terres. Il est l'inventeur d'un niveau de pente

équerre fort pratique qui a été récompensé dans
plusieurs expositions.

Le vice-secrétaire du Jury départemental,

RICHARD DE JOUVANCE.

Vu :

Le président du Jury de Seine-et-Oise,

DARBLAY jeune.

Joly (L.).

M. Louis Joly, fabricant d'engrais, à Bourg-la-Reine, a succédé à son père, en 1849, qui était fermier du balayage du marché aux bestiaux de Sceaux.

Avec les balayures hebdomadaires du marché, c'est-à-dire les crottins de moutons et les bousses de bœufs, auxquels il ajoute dans des proportions déterminées : 1° des viandes fraîches d'animaux morts ; 2° du sang, des panses et autres déchets, provenant des boucheries ; 3° des urines et des matières fécales vertes, M. Joly fabrique un engrais pulvérulent qui, par ses qualités fertilisantes, sa chaleur et sa durée remplace efficacement le fumier de ferme. On l'emploie à raison de 30 à 40 hectolitres l'hectare, suivant la qualité de la terre. Pour les céréales et sur les prairies, il est semé à la volée en couverture ;— pour les racines et le colza on le dépose au pied de la plante.— Les cultivateurs qui en font usage disent qu'il vaut une demi-fumure pour la récolte suivante.

Il est vendu 4 francs l'hectolitre pris à la fabrique.

Le vice-secrétaire du Jury départemental,

RICHARD DE JOUVANCE.

Vu :

Le président du Jury de Seine-et-Oise,

DARBLAY jeune.

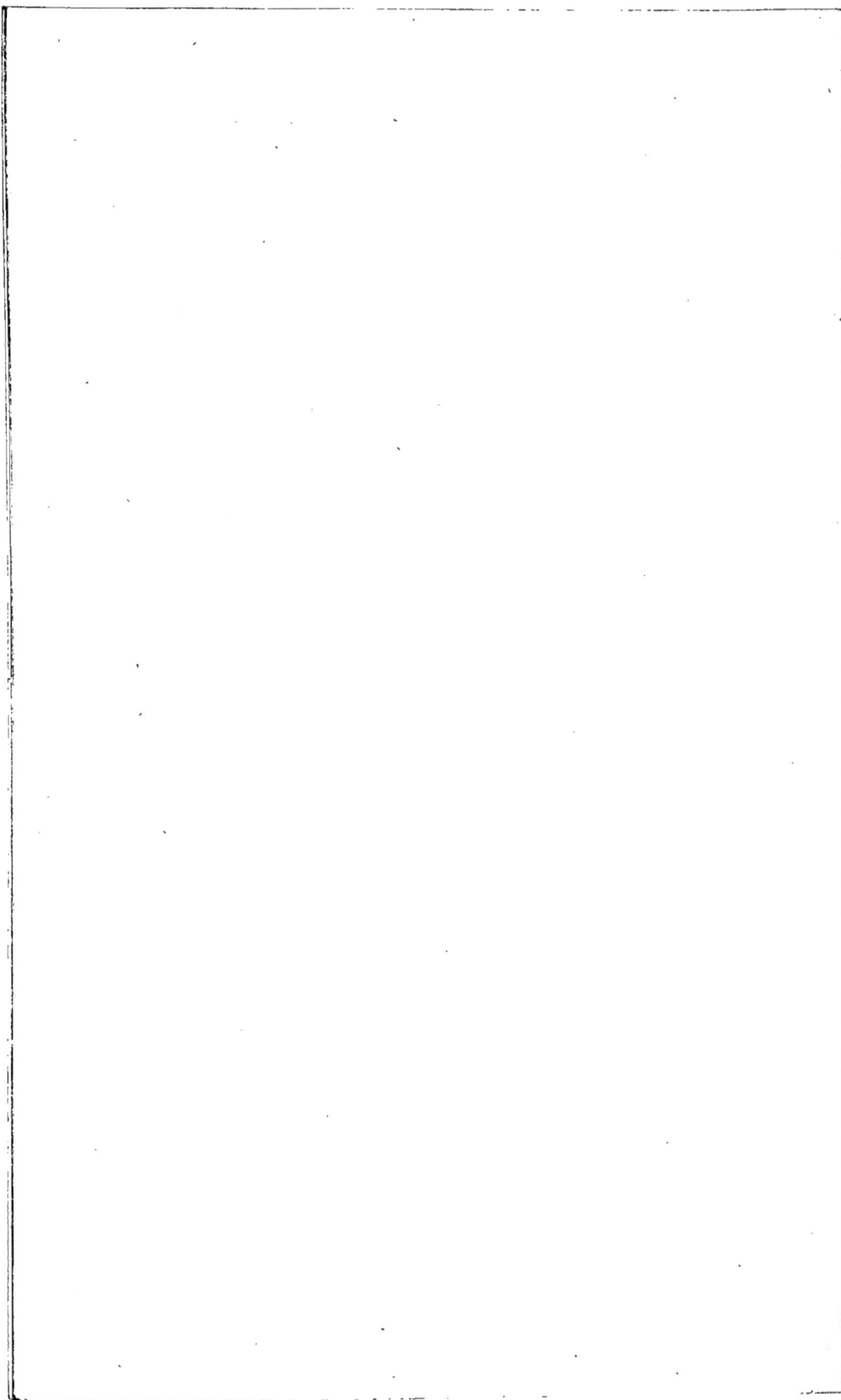

Journiac.

C'est en s'inspirant de cette phrase de la circulaire ministérielle, du 21 juin 1861, aux associations agricoles…, « *Il est désirable que chaque localité présente les produits spéciaux du pays* » que M. Journiac, propriétaire à Buchelay, ami dévoué des améliorations agricoles, a répondu à l'appel de collectivité que lui adressait le comice de Seine-et-Oise, en présentant un échantillon de choix de tous les produits qu'il obtient sur ses terres, vignes, jardins, et de ceux qui résultent de sa fabrication. Leur ensemble constitue une collection intéressante de la variété des produits obtenus sur une seule propriété de très-peu d'importance.

Le vice-secrétaire du Jury départemental,

RICHARD DE JOUVANCE.

Vu :

Le président du Jury de Seine-et-Oise,

DARBLAY jeune.

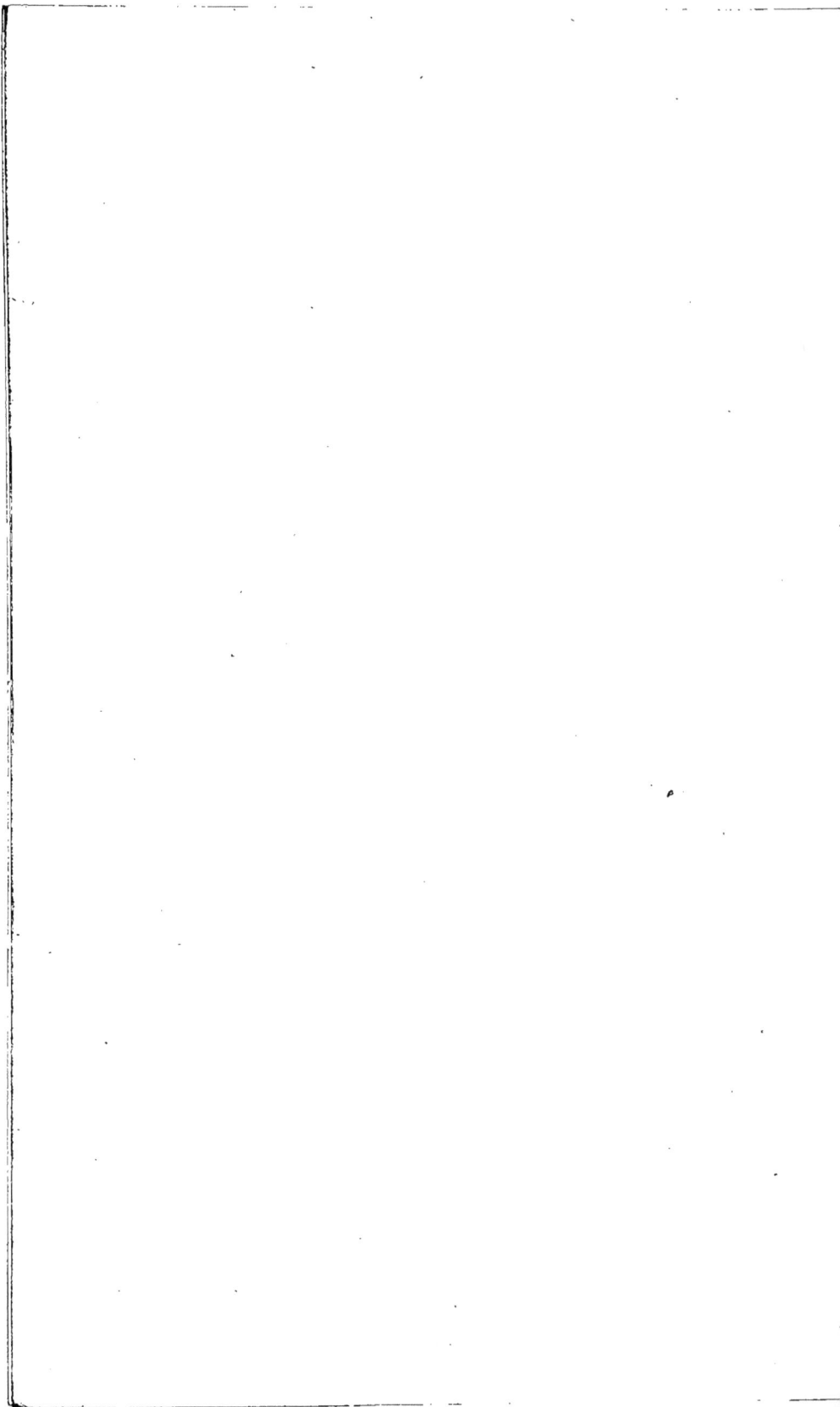

Le Breton.

La culture de M. Le Breton est alterne sur 200 hectares ; les fourrages en occupent la moitié, les céréales un peu plus du quart, et le reste reçoit ordinairement betteraves et colza.

Cet assolement est commandé, en quelque sorte, par l'entretien d'engraissement d'un troupeau de 1,000 moutons métis-champenois.

Les terres de la ferme de Velizy, prises en assez mauvais état par M. Le Breton, en 1855, sont arrivées par ses soins et la bonne entente de sa culture à produire des récoltes supérieures de moitié en sus. Une partie de cette augmentation de produit si rapide, tient à l'abattage de près de 10,000 pieds de peupliers et au comblement d'un grand nombre de fossés qui nuisaient à la culture.

Une autre amélioration importante, due à M. Le Breton, consiste dans l'assainissement de la cour de la ferme et dans le bon aménagement de ses eaux qui, intelligemment dirigées, viennent fertiliser aujourd'hui les prairies sous-jacentes.

Les produits moyens annuels de cette riche terre peuvent être évalués :

en blé-froment à	1,200	hectol.
en avoine	600	—
en fourrages	500,000	kilogr.
en betteraves	400,000	—
en colza	450	hectol.

M. Le Breton livre à la boucherie, année moyenne, plus de 1,000 moutons, qui produisent à la consommation 25,000 kilogrammes de viande. Ses moutons sont engraissés avec les produits de la ferme, et leur nourriture consiste principalement en betterave crue.

Enfin, il a créé un beau jardin potager qui donne des fruits et des légumes remarquables.

Le vice-secrétaire du Jury départemental,

RICHARD DE JOUVANCE.

Vu :

Le président du Jury de Seine-et-Oise,

DARBLAY jeune.

Le Rouget.

M. Le Rouget, ancien négociant, s'est passionné pour l'agriculture en se retirant des affaires industrielles. Propriétaire d'un assez vaste enclos de bonne terre labourable, il s'y livre avec frénésie, depuis déjà un certain nombre d'années, à des essais de culture et à des inventions intelligentes, dont il offre cordialement le bénéfice aux cultivateurs, qui lui paraissent rechercher le progrès et les améliorations.

Les semailles en ligne, de toutes graines, ont été principalement l'objet de ses recherches. Quoi que n'étant pas mécanicien, il est parvenu à inventer un petit semoir, s'adaptant entre les mancherons de la charrue Peuteuil, qui répand et recouvre assez régulièrement sa graine quand la charrue est en travail.

Il a inventé aussi une *houe-à-cheval*, faisant suite à son semoir, et une *binette à main*, d'une disposition nouvelle, qu'il affecte également aux façons se rattachant aux semailles en ligne.

Tous ces instruments ne fonctionnent encore que chez lui, entre ses mains; ils ne sont, que nous sachions, vulgarisés ou appliqués autre part.

Le vice-secrétaire du Jury départemental,

RICHARD DE JOUVANCE.

Vu :

Le président du Jury de Seine-et-Oise,

DARBLAY jeune.

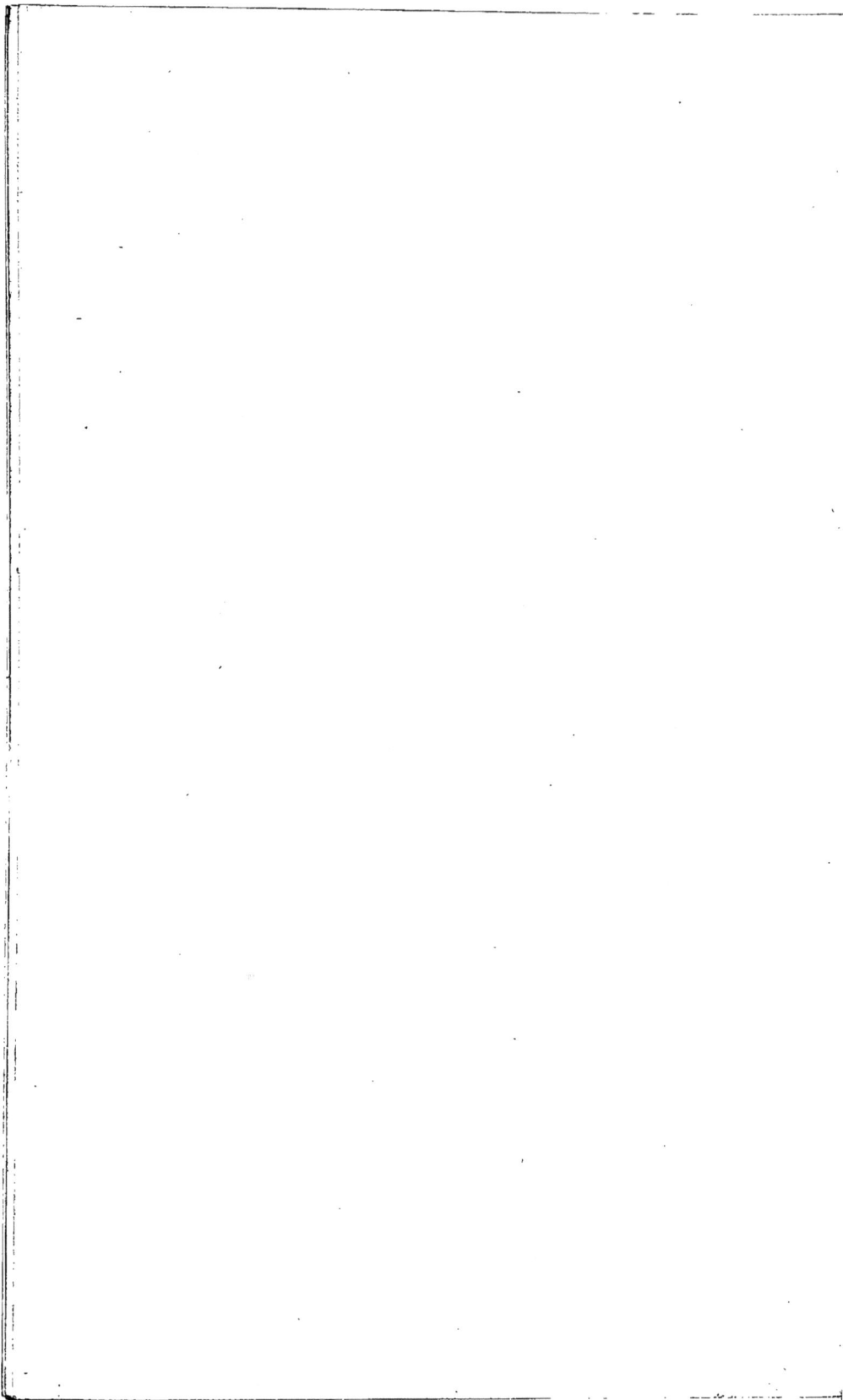

Magnant et Vauvillé.

L'usine de MM. F. Magnant et Vauvillé, élevée sur l'emplacement du moulin de l'abbaye de Royaumont, fut exploitée commercialement vers le commencement de 1810, et pendant une quarantaine d'années, d'abord par M. Loup et ensuite par M. Lecouturier, son gendre. Ce moulin était devenu, dans sa spécialité, le premier de l'arrondissement de Pontoise, sous le double rapport de la quantité et de la qualité de ses produits.

L'usine cessa de travailler à la mort de M. Lecouturier, en 1852, et pendant huit années, — MM. Magnant et Vauvillé ne l'exploitent que depuis un an seulement.

Sa spécialité est la mouture *ronde*, pour la fabrication de la farine dite *gruau*, employée par la vermicellerie, la pâtisserie et la Boulangerie de luxe, et aussi la *semoule* pour potage.

Sa chute, de la force de 30 chevaux, fait mouvoir six paires de meules de 1 mètre 60 de diamètre; quatre paires marchent en moyenne; une vingtaine d'ouvriers y sont occupés; on y écrase annuellement, environ 18,000 quintaux de blé produisant :

5,000 quintaux, gruau supérieur et semoule.

5,000   id.   farine blanche.

3,500   id.   id.   bise.

4,500   id.   Issues diverses : remoulages, recoupettes et son.

5

La valeur brute de ces produits, au cours du jour, c'est-à-dire le blé à 42 francs le quintal (50 francs l'hectolitre et demi de 120 kilos.), est d'environ 825,000 francs.

Le prix du gruau est en général de 12 francs au-dessus de la taxe du pain de première qualité à Paris.

Le prix des autres produits de cette belle usine est naturellement très-variable.

Le vice-secrétaire du Jury départemental,

RICHARD DE JOUVANCE.

Vu :

Le président du Jury de Seine-et-Oise,

DARBLAY jeune.

Mazure.

M. Mazure, cultivateur à la Martinière, près Orsay (Seine-et-Oise), s'attache depuis longtemps à étudier les blés de semence et à former des mélanges plus productifs.— Les essais, d'après l'échantillon de sa récolte 1861, et d'après ses propres déclarations, seraient couronnés d'un plein succès, puisqu'il obtiendrait aujourd'hui de trois à quatre hectolitres de blé, en plus, par hectare, que lorsqu'il ne semait qu'une seule espèce de blé dans les mêmes conditions. — Le mélange, qui a produit sur ses terres, cette année, de 23 à 24 hectolitres de blé à l'hectare, se composait de :

1. blé blanc anglais.
2. — rouge anglais.
3. — blanc suisse.
4. — à grain rouge, dit de Saumur.
5. — bleu, dit de Noë.
6. — rosé.
7. — géant.
8. — Essex blanc.

Les causes de ce produit supérieur à la récolte ordinaire sont, suivant M. Mazure, qu'il se forme entre ces blés, doués de force de végétation inégales, une espèce de secours mutuel, c'est-à-dire que dans certaines conditions défavorables à une espèce, une autre à côté supplée à ce qui lui manque.

Enfin, il croit que la hauteur inégale des tiges favo-
vorise la floraison et la maturité des différentes
sortes de blé, en laissant l'air et les rayons du
soleil circuler plus librement que dans la masse
compacte des blés ordinaires de même espèce.

L'empressement avec lequel les cultivateurs voisins de M. Mazure, recherchent tout ce dont il
peut disposer de semence chaque année, prouve
assez l'avantage que procure l'emploi de son mélange.

En 1860, M. Mazure a reçu de M. le Ministre de
l'Agriculture une médaille d'argent pour son système
de Moyettes et conservation des fourrages.

Le vice-secrétaire du Jury départemental,

RICHARD DE JOUVANCE.

Vu :

Le président du Jury de Seine-et-Oise,

DARBLAY jeune.

Michaux (J.).

Pour raison de famille, M. Jules Michaux prit, en 1848, la direction de la ferme que cultivait son père et qui n'était que l'accessoire d'une poste aux chevaux, que les chemins de fer venaient de ruiner.

Une ferme de 130 hectares de terre de médiocre qualité à faire valoir, ne pouvait offrir de bénéfices ni d'aliments suffisants à l'activité intelligente et spéculative de M. Michaux. Fermier des terres, propriétaire des bâtiments d'exploitation, il fallait y rester et songer à accroître l'étendue de la culture. M. Michaux y parvint, et la ferme se compose aujourd'hui de 180 hectares. Il eut recours aux plantes sarclées, dont on lui doit l'introduction dans le canton de Bonnières. Cette culture lui donna de très-bons résultats, et ses récoltes de colza, surtout, ont été remarquablement abondantes.

En 1854, les premiers mots de distillation agricole furent prononcés; les plantes sarclées nettoyaient bien le sol, mais ne lui apportaient pas d'engrais. Le principal manquait. — La distillerie devait obvier à cet inconvénient; M. Michaux le comprit de suite; aussi fut-il, avec M. D'Huiques de Brégy, l'un des premiers distillateurs agricoles de Seine-et-Oise.

L'importance de la fabrication de la distillerie était de 5,000 kilos par jour, cette tentative réussissant, il

la porta l'année suivante à 30,000 kilos par jour ;
chiffre qu'il a conservé jusqu'à aujourd'hui.

Si la position était difficile, comme cultivateur, la
proximité du chemin de fer et de la Seine, la ren-
dait favorable pour faire de l'industrie : aussi, dirigé
par ce raisonnement logique, M. Michaux adjoignit-
il à sa distillerie *la rectification des flegmes de betteraves*, et il livre maintenant environ 10 à 12,000 hectolitres d'alcool rectifié au Commerce. Sa marque
est si bien appréciée, que la totalité de sa fabrication
est généralement vendue une année à l'avance.

En augmentant l'importance de la distillerie, il
fallut affecter à la culture de la betterave une quantité de terres plus considérable, de là nouveau manque d'engrais. — La nécessité amena dans cet esprit
industrieux et hardi la pensée de la *distillation des
grains* qui s'opère en Belgique et en Allemagne.

Suivant son habitude, M. Michaux fit un essai, —
cet essai fut suivi dans la même année d'une installation complète, et aujourd'hui il distille toute l'année
35 quintaux par jour, — même concurremment avec
la betterave. Inutile de dire que cette nouvelle dé-
termination a été une véritable révolution dans les
bâtiments de la ferme ; il a fallu construire et faire
daller en briques des étables pour 250 têtes de gros
bétail et établir partout des citernes à purin. On
jugera de cette nécessité quand on saura qu'il sort,
tous les jours, 120 hectolitres d'urine de la ferme,
pour être répandus sur les terres. Ce système de
fécondation des terres par l'arrosage avec les purins

a été trop bien apprécié en Angleterre, pour qu'il soit utile d'en faire ressortir les avantages. M. Michaux ne doute pas d'amener, par ce système, d'ici cinq ans, au premier degré de fertilité, les terres de sa culture que le cadastre a justement classées en 3ᵉ et 4ᵉ qualités.

Comme tout se tient en agriculture, il a dû remplacer les chevaux par des bœufs, qui sont exclusivement nourris de résidus de distillerie : le foin est vendu.

Les 220 animaux à l'engrais sont également nourris de résidus envoyés directement par la vapeur dans les étables ; la manutention est pour ainsi dire nulle.

Chaque animal est pesé à l'arrivée, tous les 30 jours et au départ. — Les résultats consignés sur des tableaux synoptiques donnent au premier aperçu la plus value acquise. M. Michaux espère arriver par ce moyen, et sous peu de temps, à connaître la quantité de résidus nécessaire à la production d'un kilogramme de viande.

Le vice-secrétaire du Jury départemental,

RICHARD DE JOUVANCE.

Vu :

Le président du Jury de Seine-et-Oise,

DARBLAY jeune.

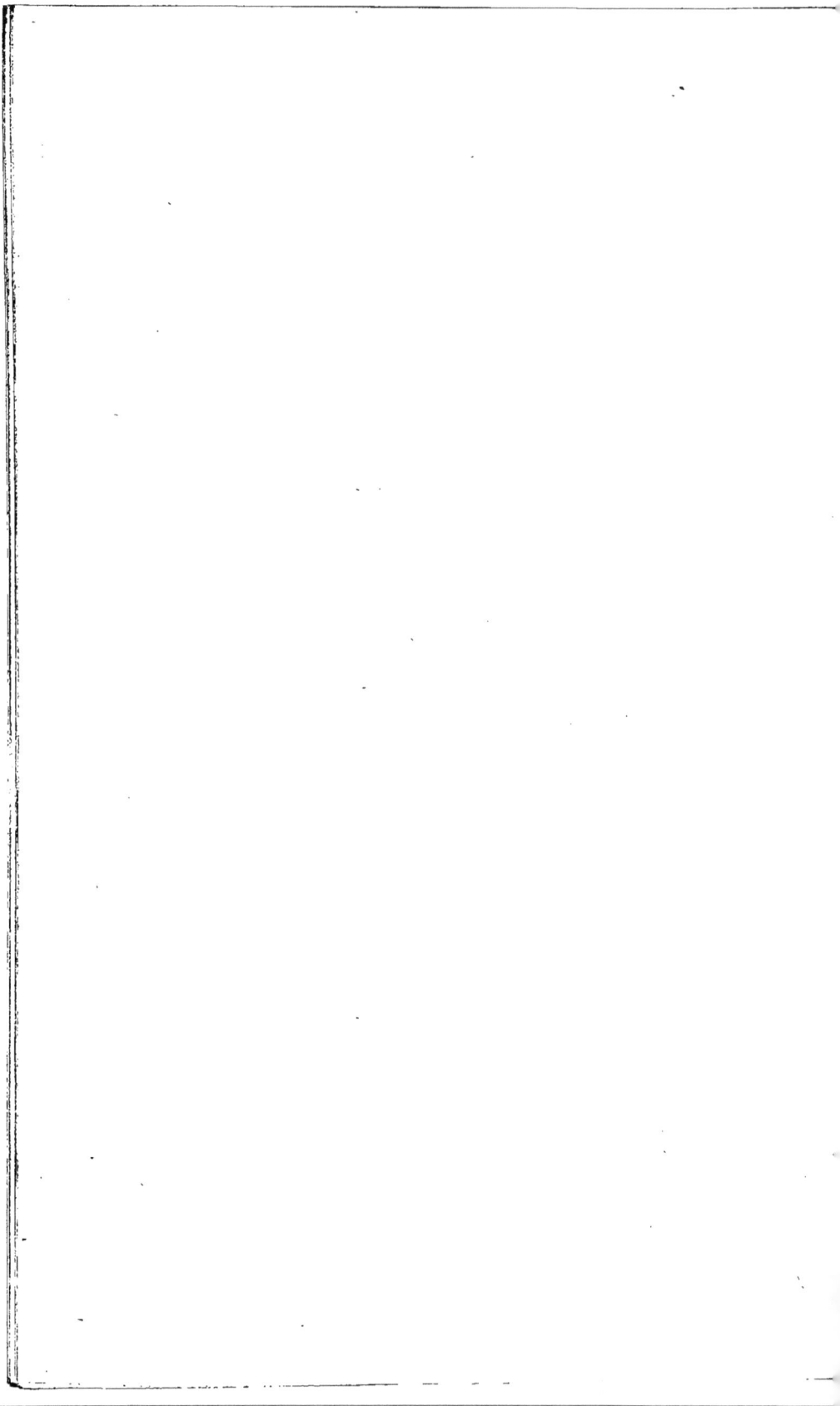

Peuteuil.

M. Peuteuil n'est qu'un ouvrier; mais intelligent, adroit et observateur. Réparant souvent, en sa qualité de maréchal, des instruments aratoires et notamment de charrues, il fit de ces derniers une étude particulière. En cherchant des combinaisons plus simples et surtout une disposition à la résistance plus énergique, il arriva à inventer une charrue d'un nouveau modèle, dont il construit aujourd'hui plusieurs numéros de force graduée. La charrue Peuteuil est une bonne charrue, principalement recherchée pour les défrichements difficiles : construite toute en fer, n'ayant que le versoir en fonte de fer, elle a reçu encore depuis peu de temps de son inventeur-constructeur des modifications importantes à *l'avant-train*, et les roues et les mancherons, qui primitivement étaient établis en bois, sont maintenant comme le reste de la charrue fabriqués en fer.

On doit aussi aux recherches de M. Peuteuil, la construction d'un modèle de roues applicables à toute espèce d'instruments aratoires, et qui figurait, avec ses charrues, au dernier concours général et national d'agriculture de 1860, à Paris.

Le vice-secrétaire du Jury départemental,
RICHARD DE JOUVANCE.

Vu :
Le Président du Jury de Seine et Oise,
DARBLAY jeune.

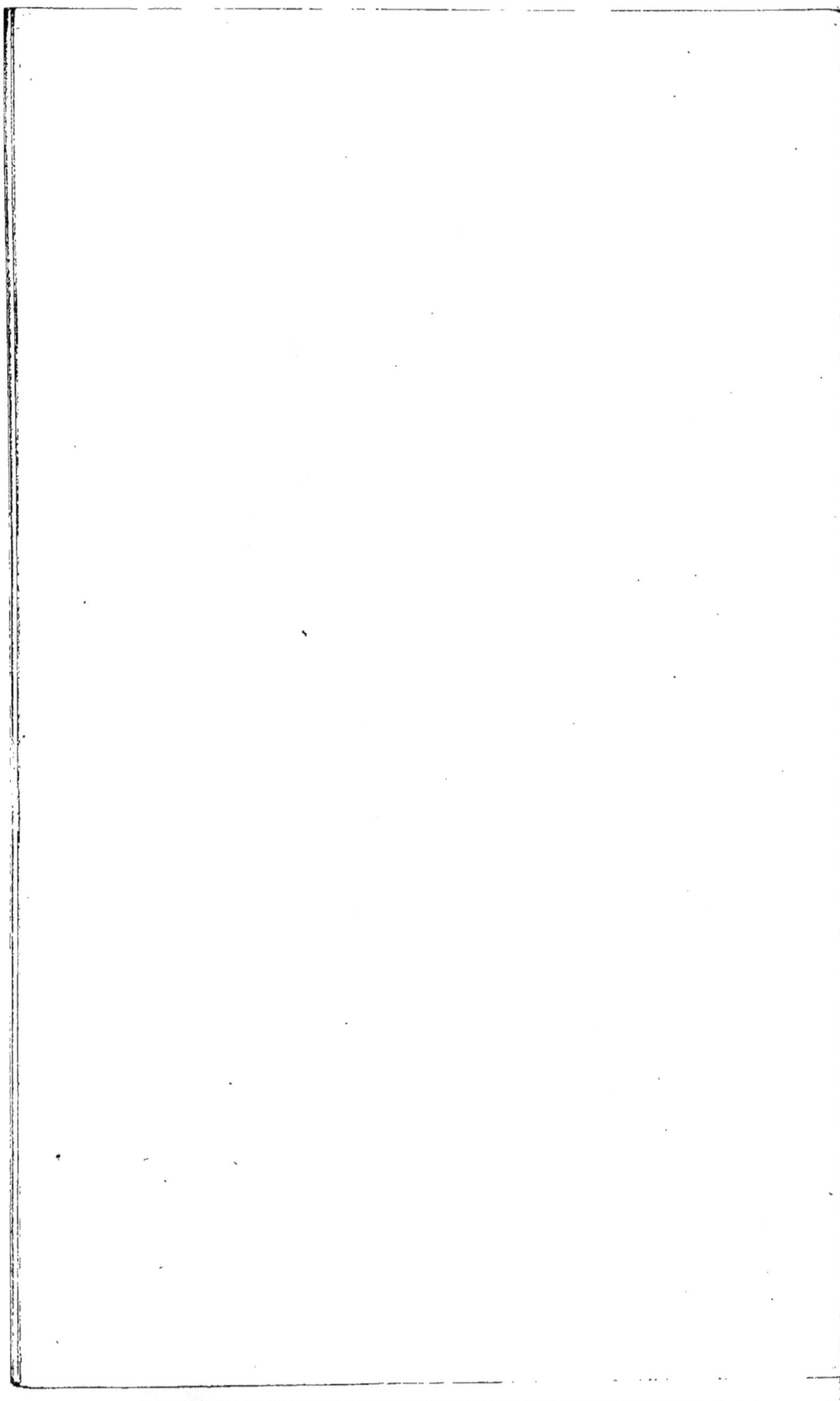

Pluchet (Emile.).

L'exploitation agricole de M. Emile Pluchet, l'une des plus vastes du département, en culture labourable, la plus étendue sur le territoire de la commune de Trappes, dont elle occupe près du tiers, compte 400 hectares de terre.

Fondée en 1799, par madame Pluchet, continuée par M. Vincent Pluchet, son fils, suivie et étendue depuis 1838 par son petit-fils, M. Émile Pluchet, cette exploitation se place aujourd'hui une des premières parmi les plus progressives. Elle compte, comme annexe, une sucrerie importante (dont la fabrication est momentanément suspendue), une distillerie de betteraves avec rectification des flegmes, un troupeau de moutons Dishley-mérinos, produit de l'élevage d'une sous-race créée par M. Émile Pluchet depuis 1841.

La culture de cette grande ferme est alterne ; ses produits bruts moyens sont d'environ :

blé froment,	2,500	hectol.
avoine,	3,000	—
fourrages,	3,500	quintaux.
betteraves,	3,500,000	kilos.
colza,	500	hectol.

La distillerie livre moyennement 4,000 hectolitres d'alcool rectifié au commerce.

Le troupeau donne une tonte de 4,000 kilos de

laine, qui, en 1861, n'a pas été vendue moins de
2 fr. 80 cent. En utilisant comme nourriture les pulpes
de la distillerie, M. Pluchet entretient et engraisse
en dehors de son troupeau, 40 bœufs de travail qui
fournissent à la boucherie 12,000 kilos de viande.

Depuis 1841, M. Emile Pluchet a croisé son troupeau de brebis mérinos, type Rambouillet, avec des
béliers Dishley; puis par sélection dans le degré de
croisement auquel il s'est arrêté 3/8 sang Disheley,
il a continué sa sous-race, en cherchant à produire
sans excédant de nourriture et à l'aide des moyens
ordinaires d'élevage, des animaux plus précoces que
les mérinos et moins délicats que ceux-ci, sur le régime d'alimentation; plus rustiques que les Dishley
et donnant *une aussi bonne viande que le South-down*,
avec une plus abondante et meilleure laine, d'une
bonne finesse intermédiaire.

Depuis quelques années ses béliers commencent à
être connus et appréciés dans les principaux départements agricoles de la France. Cette création paraît
répondre à un besoin de notre époque, qui cherche
avec intelligence à approprier ses procédés et ses
produits aux tendances de la consommation, et
l'agriculture actuelle ne trouvera-t-elle pas toujours
avantage à élever des animaux qui, par un heureux
et solide alliage des meilleures qualités, peuvent,
dans les conditions ordinaires de l'élevage, donner le
plus économiquement possible *la viande* et *la laine*.

Dans des conditions difficiles pour alimenter d'eau
sa fabrique, surtout pour se débarrasser de celles

ayant servi à la fabrication, M. Émile Pluchet fait établir, en ce moment, un système d'évacuation des eaux qui profitera à ses cultures.

Après s'être déposées dans le parcours de plusieurs bassins à air libre, les eaux de fabrication seront élevées par une pompe dans une tonne disposée sur le bâtiment, à une hauteur qui permet qu'elles arrivent seules, par pression, sur un point culminant de la plaine, situé à 750 mètres de la fabrique. Là, dirigés avec discernement, leur arrosage peut féconder plus de 60 hectares de terre et de prés.

Le vice-secrétaire du Jury départemental,

RICHARD DE JOUVANCE.

Vu :

Le président du Jury de Seine-et-Oise,

DARBLAY jeune.

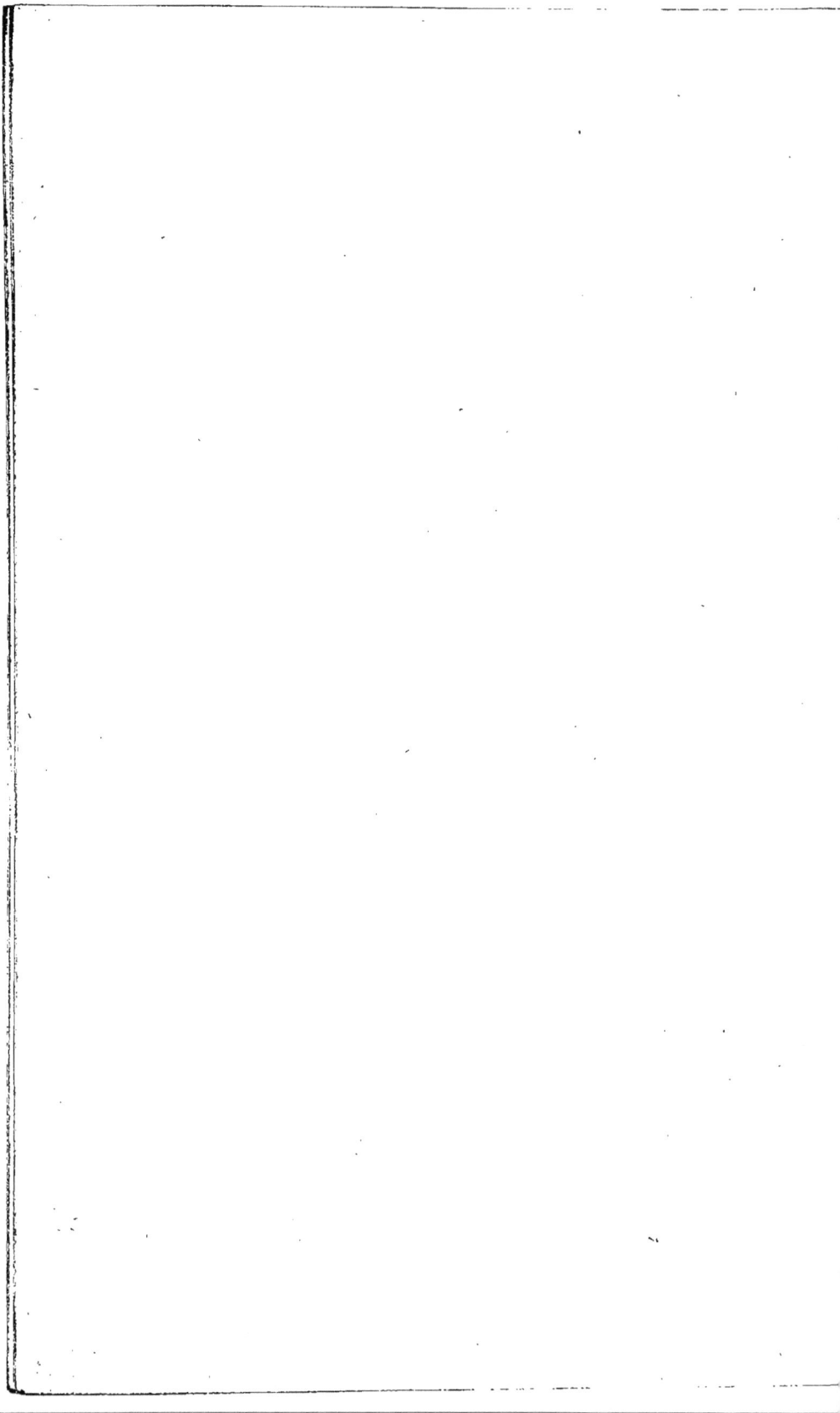

Comte de Pourtalès.

M. le comte Robert de Pourtalès, propriétaire du vaste domaine de Bandeville, près Dourdan (Seine-et-Oise), donne l'exemple autour de lui du noble et de l'intelligent emploi d'une belle fortune à l'amélioration d'une culture arable et forestière, à l'élevage d'un bétail varié et choisi, parmi les races aujourd'hui les plus préconisées, enfin à l'exploitation d'une importante fabrique de produits en terre cuite, située au hameau de la Bâte.

Il n'est guère de progrès ni d'expériences agricoles qui ne soient pratiqués sur le domaine de Bandeville : drainages, irrigations, assolements alternes, nouvelles semences, instruments perfectionnés, croisements et élevage de races étrangères, meunerie, scierie mécanique, tuilerie et fabrique de tuyaux de drainages, etc., etc. — Plusieurs inventions de M. le comte de Pourtalès ont donné lieu à des produits qui sont recherchés et sont devenus avantageux : ainsi ses tuyaux tunnels en poterie, pour remplacer les pierrées, ses tuiles mécaniques, genre Muller, et surtout ses tuiles-faîtières à bourrelet de recouvrement ont créé, à la Bâte, une industrie spéciale. — Le mode de fabrication de ses tuiles-faîtières au moyen de la machine à étirer les tuyaux de drainage et d'un chevalet hemi-cylindrique pour leur donner la courbure voulue, est très-recommandable aux fabriques, dont les machines à tuyaux de drainages ne seraient pas suffisamment occupées par ce dernier produit. On cite encore ses fromages façon Gruyère, dont un spécimen fera partie de son envoi à Londres, et son troupeau d'élèves *south-down*, qui lui a mérité de justes récompenses dans plusieurs de nos concours régionaux et de comice.

Favorisant de toutes les manières les essais, même ceux de ses ouvriers que l'exemple entraîne, M. le comte de Pourtalès compte envoyer, à l'exposition universelle, des échantillons de céréales obtenues par l'un d'eux, Pierre Hétrus, sur un très-mauvais terrain pierreux qu'il avait labouré profondément à la bêche derrière la charrue.

Le vice secrétaire du Jury départemental,

RICHARD DE JOUVANCE.

Vu :

Le président du Jury de Seine-et Oise,

DARBLAY jeune.

Rabourdin (A.).

M. Antoine Rabourdin, un des meilleurs agriculteurs de Seine-et-Oise, un des plus anciens aujourd'hui, exploite, de père en fils, deux fermes
dont les terres d'une grande richesse sont conti-
guës : la ferme de Villacoublay, qui lui appartient, et
celle de la Grange-Damerose, dépendant de la Liste
civile, dont il n'est que locataire.

La première de ces fermes est située sur la commune de Velizy, et la seconde sur la commune de
Meudon.

La ferme de Villacoublay se compose de 152 hectares divisés ainsi :

130 hectares en terres labourables ; 16 hectares
en prairies hautes et 6 hectares en bois.

La ferme de la Grange-Damerose comprend
84 hectares, savoir :

79 hectares en terres labourables; 5 hectares en
prairies hautes.

Le système de culture de cette belle exploitation
est l'assolement libre.

Les ensemencements se répartissent néanmoins
ordinairement de la manière suivante, et sont en
moyenne de :

1. 60 à 70 hectares de froment.
2. 12 à 15 — seigle.

6

3. 0 à 30 hectares d'avoine.
4. 0 à 30   —   colza.
5. 30 à 40   —   luzerne.
6. 2 à 4   —   pommes de terre.
7. 50 à 60   —   betteraves.

En fait de prairies artificielles, M. Rabourdin ne sème que des luzernes.

Le rendement moyen est à peu près, par hectare :
Pour le froment de 28 à 30 h. du poids de 78 k.

—	seigle	30 à 32	—	76	—
—	avoine	50 à 56	—	46	—
—	colza	26 à 28	—	66	—
—	pommes de terre	180 à 200		66	—
—	betteraves de		40,000 à 45,000	—	
—	les prairies hautes,	4,500 kilog. par hectare.			
—	les luzernes,	4,000 kilog.			—
—	regain de luzernes	2,500 kilog.			—
—	paille de froment	4,500 kilog.			—
—	de seigle,	5,000 kilog.			—
—	d'avoine,	4,000 kilog.			—

Avant l'invasion de la maladie des pommes de terre, le rendement était, en moyenne, de 450 hecto-litres du poids de 66 kilogrammes l'hectolitre.

La récolte de 1861, inférieure à toutes les autres, a produit : en froment 25 hectolitres 20 litres par hectare, du poids de 77 kilog. 50, et 3,600 kilogrammes de paille.

Il y a trente-deux hectares de terres labourables drainées, et les collecteurs qui traversent les prairies

sur un parcours d'environ huit cents mètres les as-
sainissent.

M. Rabourdin a établi une distillerie Champonnois, pour extraire l'alcool des betteraves de
sa récolte et dont les résidus (pulpes), servent à
nourrir des moutons, des bœufs, des vaches et des
porcs.

Le plateau sur lequel sont situées les deux fermes,
est un des points les plus élevés des environs de
Paris, il n'y a pas de sources et l'on ne pourrait y
faire arriver l'eau qu'à grands frais ; on en est réduit
aux eaux pluviales que l'on conserve dans des citernes ou des bassins-réservoirs (à l'air libre). Cette
pénurie d'eau a empêché M. Rabourdin de faire
établir une machine à vapeur, pour faire marcher
sa distillerie et sa machine-à-battre ; il a pensé qu'il
était beaucoup plus prudent, afin de prévenir les
chômages, d'employer des manèges mus par des
chevaux.

Les pulpes de la distillerie sont données en nourriture aux animaux de la ferme, mélangées aux me-
nues pailles provenant du battage des céréales, à
des siliques de colza et même à des pailles de colza
hachées, qui contiendraient, suivant M. Rabourdin,
plus de parties nutritives que les pailles de blé et
d'avoine.

Les travaux de la ferme et de la culture se
font, moitié avec des chevaux et moitié avec des
bœufs.

On engraisse tous les ans à la ferme de Villacoublay de 1,000 à 1,200 moutons, 12 à 15 bœufs; et on y nourrit 5 à 6 vaches, 15 à 18 porcs d'élève.

Le vice-secrétaire du Jury départemental,

RICHARD DE JOUVANCE.

Vu :

Le président du Jury de Seine-et-Oise,

DARBLAY jeune.

Rémont (P.).

Depuis dix ans, les progrès réalisés dans les cultures de M. Rémont portent surtout sur la propagation des jeunes plants, parmi les essences forestières; la propagation en grand de plusieurs espèces d'arbres cônifères précieux, tels que : *abies nordmaniana*, du Caucase, abies cephalonica, abies pinsapo des Pyrénées ; plusieurs pins de la Californie, du Caucase, de l'Hymalaya et du Japon ; le sequoia (Wellingtonia) gigantea, laxodium, etc.

Le sida et les ignames de Chine, etc., ont été aussi l'objet de ses études culturales.

Enfin, les acacias communs et sans épines, pour fourrage, qui, de quelques milliers en 1851, sont aujourd'hui multipliés à plusieurs milliers de jeunes plants.

La tenue remarquable des vastes pépinières de M. Rémont, l'importance de leur habile exploitation, les nombreuses et autres récompenses accordées à leurs produits, en font un établissement modèle parmi ceux qui tiennent le premier rang.

Le vice-secrétaire du Jury départemental,

RICHARD DE JOUVANCE.

Vu :

Le président du Jury de Seine-et-Oise,

DARBLAY jeune.

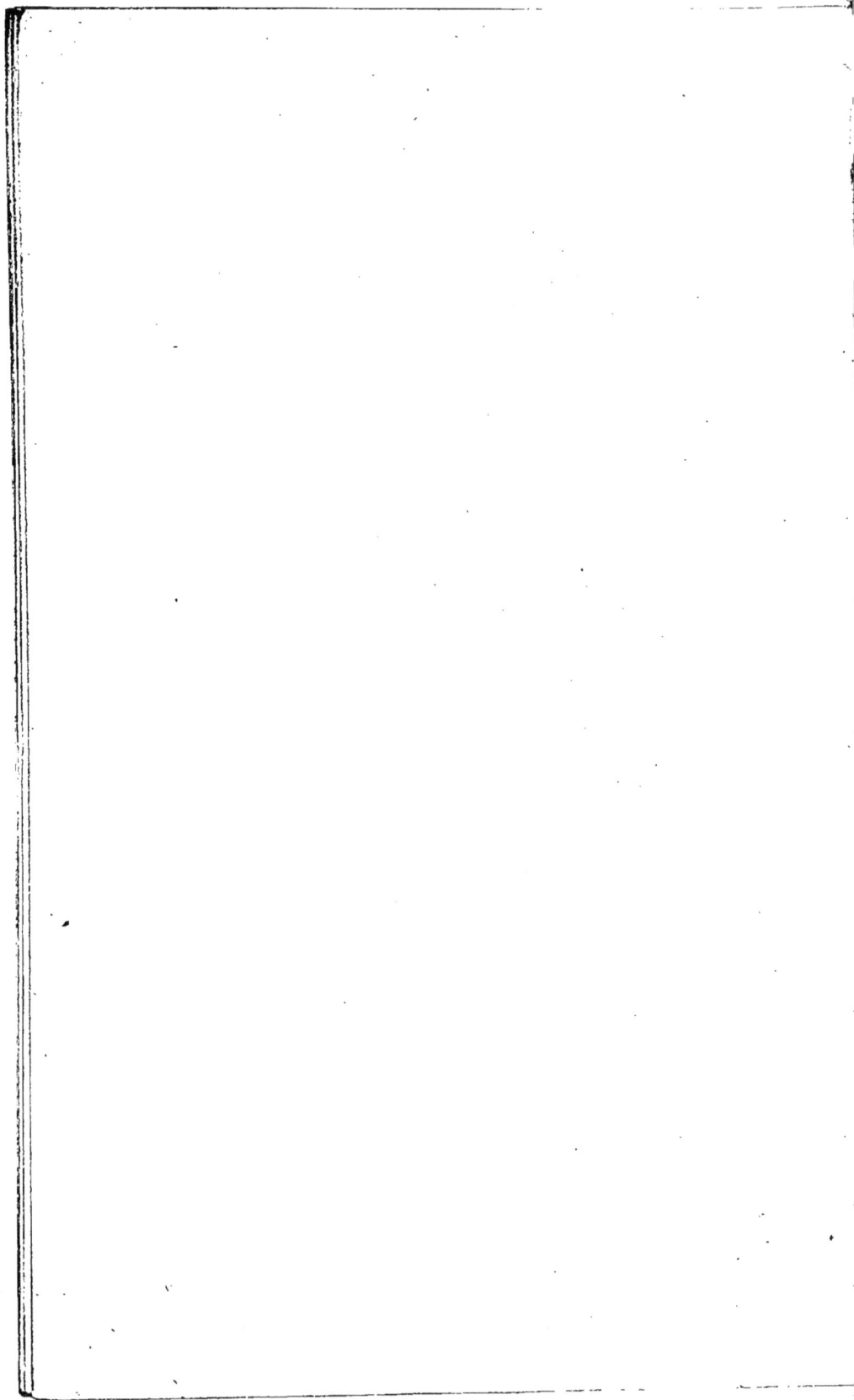

Richard de Jouvance.

Si l'essai de Carte agronomique sommaire appliqué au département du Calvados, et dû à la savante initiative de M. de Caumont, a été en France le début dans cette voie utile, les *specimen* de Cartes et de Statistiques agricoles de M. Richard de Jouvance, ingénieur civil, secrétaire-archiviste du Comice de Seine-et-Oise, sont certainement la première expression complète de la topographie et des renseignements ruraux que le praticien agricole a souvent besoin de consulter.

Ces ouvrages importants, résultats d'explorations et d'études faites sur les lieux, exécutés sous le patronage et avec l'aide du Comice agricole, sont devenus la propriété de M. Richard de Jouvance depuis le décès de son père qui avait collaboré à leur établissement.

Les *Cartes agricoles* donnent par territoire de commune, le détail parcellaire de la propriété, les chemins, cours d'eau, cultures fixes, plantations éparses, etc.; l'orographie locale avec l'altitude des points extrêmes au-dessus du niveau de la mer; le tracé des affleurements de la constitution géologique du sous-sol, et, pour chaque parcelle, l'indication de la valeur naturelle relative du sol.

En spécialisant par des teintes, quatre exemplaires de la Carte d'une commune, on constitue sa Carte agricole, proprement dite, c'est-à-dire que le premier exemplaire donne l'aspect géologique ; le deuxième, les groupes de terre de même qualité naturelle ; le troisième, la représentation par masses des cultures homogènes ; et le quatrième, le figuré particulier, soit uniformément, soit distinctement, des dépendances du domaine communal ou de l'exploitation rurale, s'il s'agit de compléter un répertoire industriel.

Les récompenses et les encouragements les plus flatteurs n'ont pas fait défaut à ces belles Cartes. Leur exactitude, leur bonne conception et l'aptitude de leur auteur, suivant la déclaration de MM. Dufrénoy et Élie de Beaumont dans leur rapport au Ministre des travaux publics, ont engagé son Excellence à décider (mai 1853), que la rédaction de la Carte agronomique de Seine-et-Oise, dans les attributions ordinaires de MM. les ingénieurs des mines, serait confiée à M. Richard de Jouvance, et que ses travaux spécimens seraient recommandés à la sérieuse attention de MM. les ingénieurs chargés de pareil travail dans les autres départements de la France.

Le Jury des récompenses du Concours agricole universel de Paris, en 1856, s'exprimait ainsi dans son rapport (page 261) :

« Les Cartes agricoles sont appelées à rendre de « grands services aussitôt qu'elles seront entrées « dans les habitudes des cultivateurs. Tous les « efforts dirigés dans ce sens méritent d'autant « plus d'éloges et d'encouragements, qu'il s'agit

« d'une tâche encore nouvelle, et par cela même
« difficile et souvent ingrate. »

« M. Richard de Jouvance, en publiant quelques
« cartes agricoles de diverses communes de Seine-et-
« Oise, a donné un exemple utile, que le Jury se
« plait à reconnaître en lui accordant une Mention
« honorable. »

Les *Statistiques agricoles* de M. Richard de Jouvance, et en particulier celles de la commune de
Trappes (in-4° de 152 pages, avec cartes et plans de
détail), sont une œuvre remarquablement conscien-
cieuse : c'est l'enseignement de l'agriculture par les
faits constatés exactement avec discernement et im-
partialité. Après des renseignements généraux très-
étendus, utiles à tous ceux qui ont besoin d'étudier
tout ou partie des conditions spéciales du territoire
d'une commune, viennent, sur chaque exploitation
rurale, depuis la plus vaste jusqu'à la plus modeste
pouvant offrir quelques données utiles, des détails
qui sont l'explication complète de leur position économique, de leur travaux et des résultats obtenus.

On doit à M. Richard de Jouvance beaucoup d'autres travaux importants de topographie et de statistique agricoles ; mais il a cru devoir se borner à ne
présenter pour l'Exposition universelle de Londres
qu'un choix restreint parmi ceux qui ont été publiés.

Comme membre de la Société d'agriculture de
Seine-et-Oise, et en sa qualité d'ingénieur civil, il a
été désigné par M. le Préfet, pour faire exécuter, sur
plusieurs points du département, des *spécimen* de

drainages, qui ont puissamment contribué par leur bonne exécution à étendre ce moyen d'assèchement et d'amélioration du sol.

Le secrétaire du Jury départemental,

H. MOSER.

Vu :

Le président du Jury de Seine-et-Oise,

DARBLAY jeune.

Rousseau (Lucien).

M. Lucien Rousseau, l'un des anciens délégués du Comice à l'Exposition de Londres en 1851, rapporteur annuel du Jury des progrès agricoles institué par le Comice pour ses concours, cultive, depuis 1847, les terres de la ferme de la Poste, à Angerville, d'une contenance de 230 hectares, — que ses parents exploitaient avant lui.

Sa culture, qui s'étend sur le plateau de la Beauce, participe, à quelques modifications près, du mode d'assolement usité dans cette localité ; elle est faite aussi sous l'influence du régime d'élevage et d'entretien du troupeau qui forme la seconde partie de cette exploitation, et, en dehors de cette judicieuse conduite, elle n'offre rien d'assez hors ligne pour mériter des détails spéciaux. Il n'en est pas de même du troupeau de *mérinos-français pur sang, variété de Beauce,* comme l'appelle M. Rousseau, qu'il commença en 1849 avec 627 brebis *de réforme,* achetées seulement 26 fr. 65 cent. l'une, bien que 183 aient été achetées, en mai et juin, couvertes de leur toison.

Depuis 1849, M. Rousseau s'est attaché à améliorer son troupeau par le régime de l'alimentation et par un bon choix de reproducteurs pris parmi les meilleurs béliers mérinos de MM. Gilbert, de Wideville, Lefebvre, de Sainte-Escobille, et Darblay, de Chevilly.

La tonte de 5,191 brebis lui a donné, en neuf ans (de 1851 à 1859), 23,240 kilogrammes de laine, soit en moyenne 4 k. 477 par tête.

En 1860, la tonte de 489 brebis a produit 2,368 kilogrammes de laine, soit par tête 4 k. 842.

Quant à la tonte de 1861, sur 497 brebis, elle ne lui a donné que 2,237 kilogrammes de laine, soit une moyenne par tête de 4 k. 501 : c'est d'ailleurs un bon rendement.

Depuis deux ans, M. Rousseau, trouvant son troupeau arrivé à de bonnes conditions, s'est décidé à garder *entiers* ses meilleurs agneaux qu'il vend, en juin et juillet, comme reproducteurs à l'âge de 6 à 8 mois.

Les agneaux mâles, châtrés, sont vendus au mois d'octobre, ainsi que les brebis de réforme, qu'il fait saillir en juillet, en même temps et par les mêmes béliers que tout le troupeau.

Le troupeau de M. Rousseau, qui en été se compose de 850 têtes environ, se réduit habituellement, en hiver, à 350 brebis-portières livrées au bélier, 120 à 150 agnelles, et 60 à 80 antenaises-brahines, les meilleures étant livrées au bélier dès l'âge de 18 mois.

Le vice-secrétaire du Jury départemental,

RICHARD DE JOUVANCE.

Vu :

Le président du Jury de Seine-et-Oise,

Signé : DARBLAY jeune.

Tétard aîné.

L'exploitation agricole et industrielle de Mortières, dirigée par M. Tétard aîné, se compose d'une culture labourable sur 230 hectares, d'une fabrique d'huile et d'une distillerie d'alcool de betteraves.

L'assolement des terres affecte, chaque année, 100 hectares aux céréales, 75 hectares aux plantes sarclées (colza, betteraves, pommes de terre, etc.), 25 hectares aux fourrages verts, et 30 hectares à la luzerne. La récolte de 1861 produira environ, à l'hectare, 22 quintaux de blé, 40,000 kilogrammes de betteraves, 15 hectolitres de colza, 75 quintaux de foin de luzerne (2 coupes) : les fourrages verts sont consommés par les bœufs de travail.

Depuis 1849, la majeure partie des blés est semée en ligne.

Les chevaux, coûtant 3 francs de nourriture, ont été remplacés par des bœufs de travail, dont la nourriture d'engraissement ne dépasse pas 1 fr. 10 cent. par jour.

La fabrique d'huile, créée par M. Tétard en 1851, fait 6,000 kilogrammes d'huile en 24 heures; son produit brut annuel atteint 800,000 francs.

La distillerie établie en 1860, principalement pour la production de la viande et des engrais à bon marché, ne travaille pas pour moins de 70,000 francs année moyenne.

Deux machines à vapeur, ensemble de la force de 70 chevaux, mettent en œuvre : huilerie, distillerie, machine à battre les céréales, hache-foin, concasseur d'avoine, tarare-nettoyeur, etc., — pour une dépense de 200 kilogrammes de houille seulement par machine et par 24 heures, soit 5 fr. 60 cent.

Une *tuerie* de tous les moutons d'engraissement, dont la viande est transportée à Paris et vendue à la criée, complète ce bel et vaste établissement agricole.

Le vice-secrétaire du Jury départemental,

RICHARD DE JOUVANCE.

Le président du Jury de Seine-et-Oise.

DARBLAY jeune.

Titreville (Hector).

L'échelle double inventée par **M.** Titreville est très-commode en raison du peu de place qu'elle occupe quand on la transporte, et de la facilité avec laquelle elle se monte et se démonte. **M.** Titreville l'emporte toujours avec lui, soit qu'il voyage dans sa voiture, soit qu'il voyage en chemin de fer pour se rendre à ses affaires.

Cette échelle a déjà été admise avec d'autres, de l'invention de M. Titreville, à l'Exposition universelle de 1855. Construite en bois, elle a, développée, 2 mèt. 30 de hauteur, et elle se renferme dans un étui de 1 mèt. 14 de long, dont la base a 14 cent. de côté.

Le vice secrétaire du Jury départemental,

RICHARD DE JOUVANCE.

Vu :

Le président du Jury de Seine-et-Oise,

DARBLAY jeune.

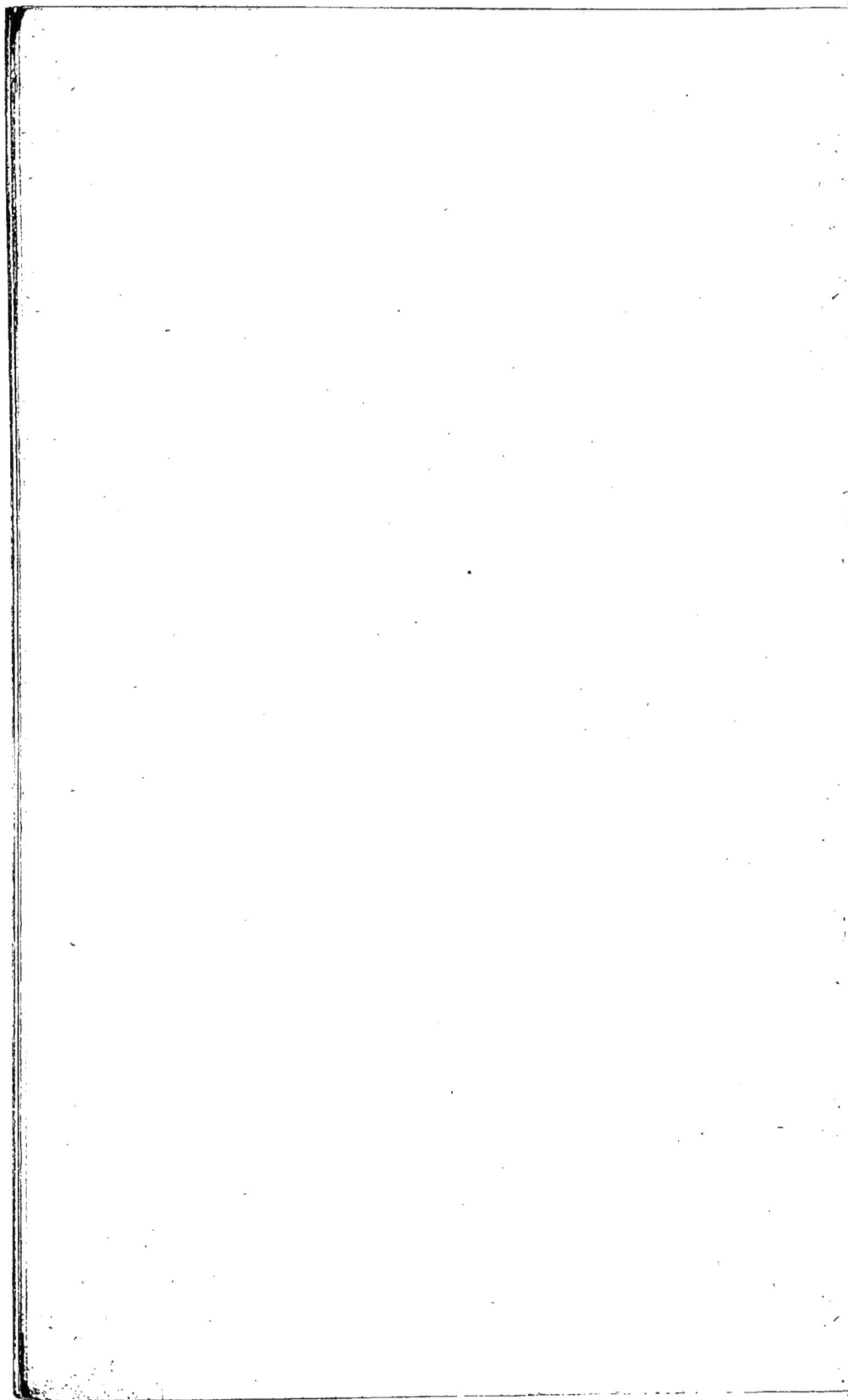

Varin (François-Léonard).

M. Varin (François-Léonard), à Rambouillet, est l'apiculteur-apôtre. L'éducation de ses colonies, le perfectionnement incessant des appareils qui se rattachent à cette intéressante et productive industrie, sont l'objet de ses études et de ses soins les plus persévérants depuis 1850. Longtemps théoricien ardent, esclave des préceptes des maîtres en cette matière, il est entré depuis 1858 dans une pratique rationnelle où ses idées et ses inventions personnelles tiennent la plus grande place.

Bien entendu que M. Varin ne fait pas périr ses abeilles pour en récolter le miel. Il recueille ses essaims par approche et au moyen d'une cloison intermédiaire, en faisant passer les mouches dans une autre ruche appliquée contre la ruche mère, au moment où il est déjà sorti de celle-ci, un assez gros flocons d'abeilles; évitant ainsi la perte des essaims qui s'égarent et le plus souvent vont s'abattre dans les bois voisins ou sur des arbres isolés. Il gouverne ses ruches d'après leur force, leur approvisionnement et leur état vital, et il ne prend de chacune d'elles qu'un seul essaim précoce chaque année.

Tous les appareils et le rucher modèle que M. Varin

7

se propose d'exposer, méritent l'examen et l'attention des apiculteurs sérieux et compétents.

Le vice-secrétaire du Jury départemental,

RICHARD DE JOUVANCE.

Vu :

Le président du Jury de Seine-et-Oise,

DARBLAY jeune.

Villard.

L'atelier de fabrication et de pose dirigé par M. Villard, s'occupe plus particulièrement de la construction de moulins hydrauliques, de machines à battre et d'appareils de meunerie. Il vient de terminer un *nettoyeur de blé* et une *brosse* pour les sons, dont le perfectionnement et la bonne exécution ont engagé le Jury à les présenter à l'admission de la Commission impériale pour l'Exposition de Londres.

Le manque de place n'a permis de recevoir que l'appareil à brosser les sons, c'était d'ailleurs le plus remarquable.

Le vice-secrétaire du Jury départemental,

RICHARD DE JOUVANCE.

Vu :

Le président du Jury de Seine-et-Oise,

DARBLAY jeune.

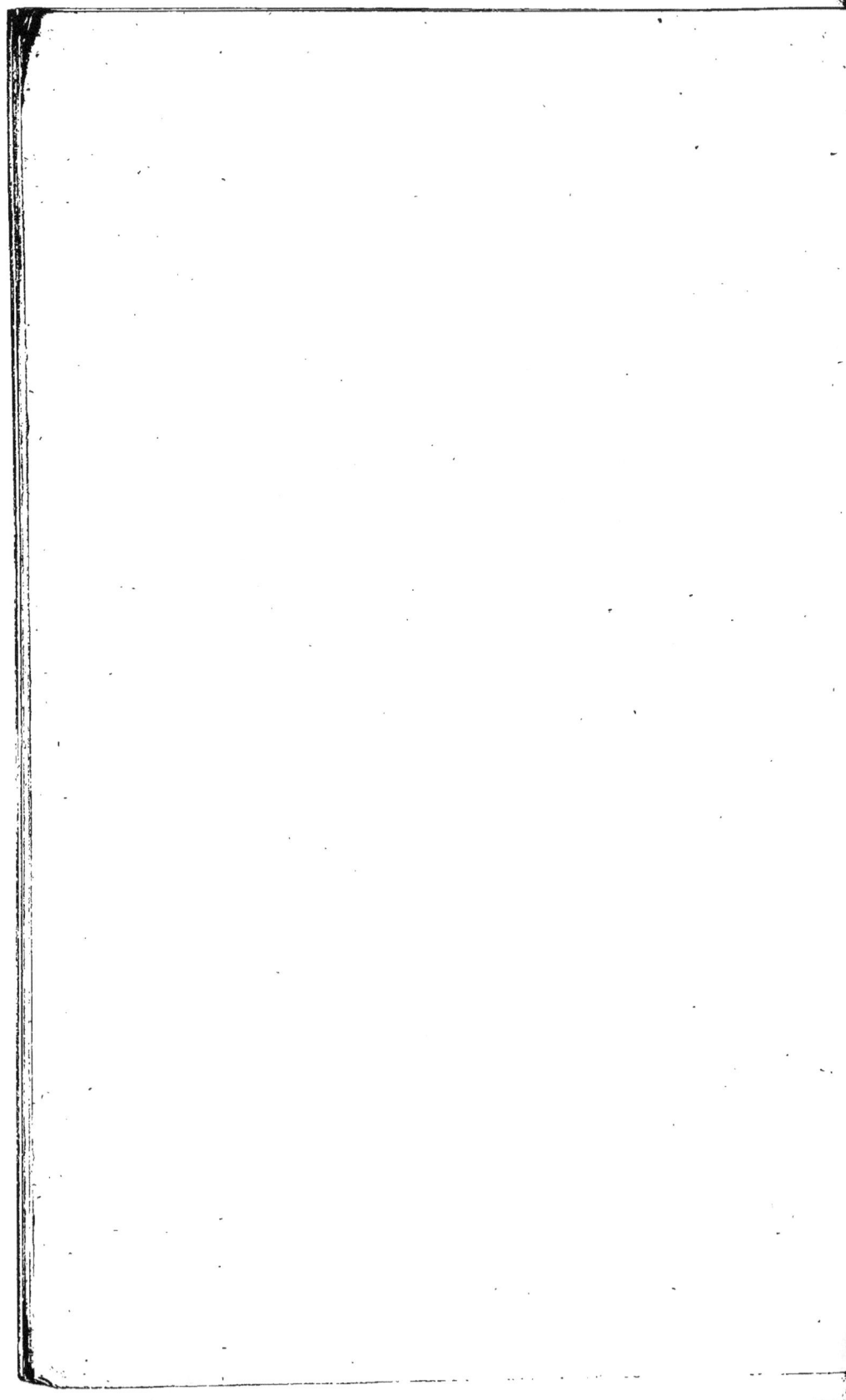

Yolant.

M. Yolant fils aîné, à Mantes, est à la fois pro-
ducteur, inventeur et constructeur d'instruments
et de machines agricoles. Développant prudem-
ment ses opérations, il est parvenu aujourd'hui à
satisfaire une grande partie des cultivateurs des
environs de Mantes, qui recherchent plus particulièrement ses tarares. Ces machines de première
nécessité dans toute ferme, sont devenues, en quelque sorte, sa construction spéciale. Par suite de perfectionnements qui lui appartiennent, il est arrivé
à établir des tarares trieur et vanneur et des tarares
vanneur et cribleur, qui se recommandent par un
intelligent et solide agencement des organes mécaniques, par leur simplicité et la modicité de leur prix.

Le vice-secrétaire du Jury départemental,

RICHARD DE JOUVANCE.

Vu :

Le président du Jury de Seine-et-Oise,

DARBLAY jeune.

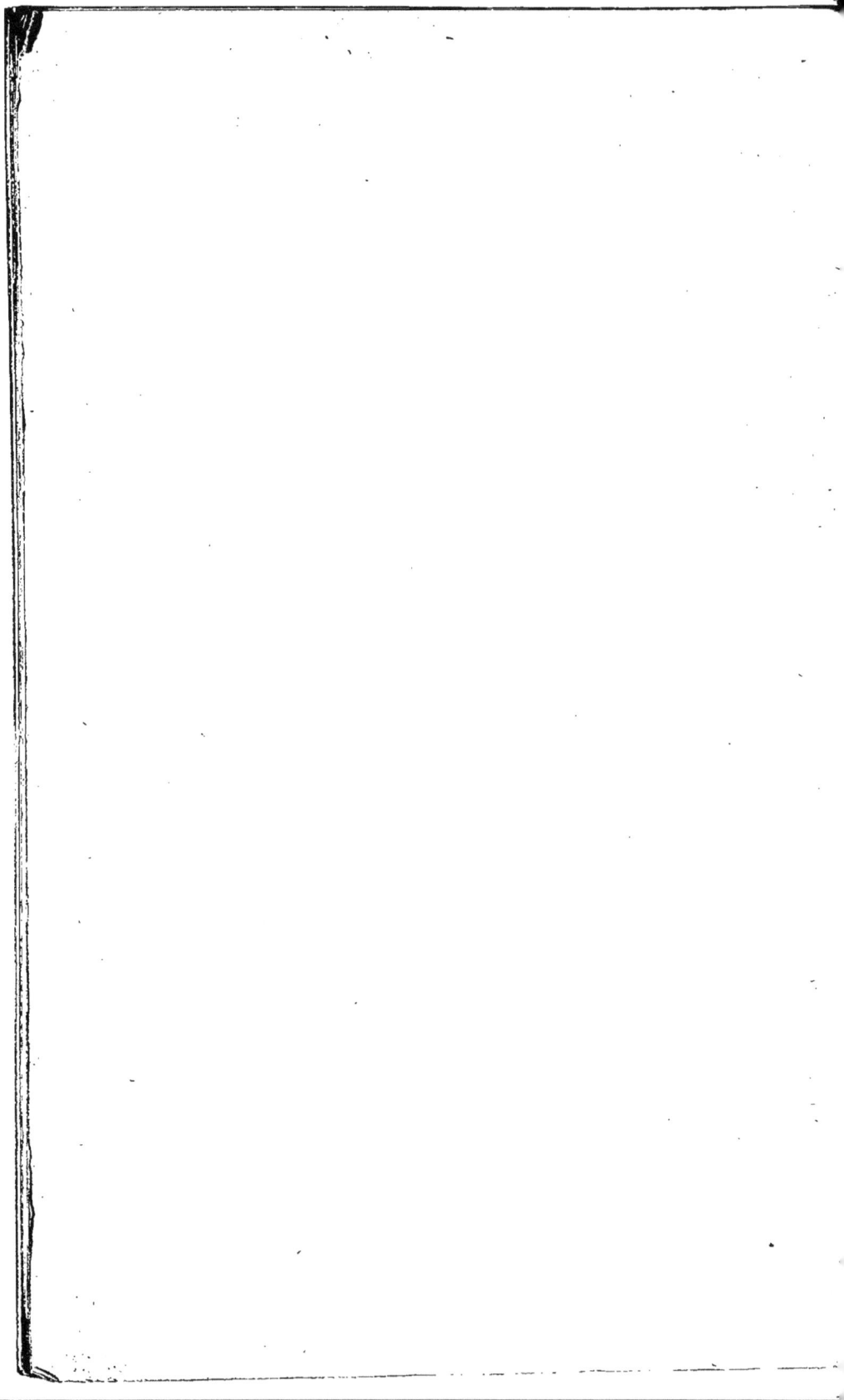

LISTE ALPHABÉTIQUE DES EXPOSANTS

AVEC INDICATION DE LEUR DOMICILE.

Versailles. — Imp. de Dufaure, rue de la Paroisse, 21.

Versailles. — Imp. de DUFAURE, rue de la Paroisse, 21.